电网企业
应急救援处置
典型案例

国网浙江省电力有限公司　编

DIANWANG QIYE
YINGJI JIUYUAN CHUZHI
DIANXING ANLI

中国电力出版社
CHINA ELECTRIC POWER PRESS

内 容 提 要

　　本书从国家电网有限公司应急救援基干队伍处置突发事件的实际出发，通过总结经验、归纳提升编写而成，并针对地震地质、台风洪涝、雨雪冰冻等自然灾害以及电力系统内外突发事件，介绍了应急救援基干队伍开展应急处置工作全过程，包括具体应对方法和注意事项，对应急救援基干队伍开展应急处置工作具有指导意义。

图书在版编目（CIP）数据

电网企业应急救援处置典型案例 / 国网浙江省电力有限公司编. —北京：中国电力出版社，2024.3
　ISBN 978-7-5198-8720-9

　Ⅰ. ①电…　Ⅱ. ①国…　Ⅲ. ①电力工业–突发事件–救援–案例–中国　Ⅳ. ①TM08

中国国家版本馆 CIP 数据核字（2024）第 045123 号

出版发行：中国电力出版社
地　　址：北京市东城区北京站西街 19 号（邮政编码 100005）
网　　址：http://www.cepp.sgcc.com.cn
责任编辑：薛　红
责任校对：黄　蓓　常燕昆
装帧设计：郝晓燕
责任印制：石　雷

印　　刷：三河市万龙印装有限公司
版　　次：2024 年 3 月第一版
印　　次：2024 年 3 月北京第一次印刷
开　　本：710 毫米×1000 毫米　16 开本
印　　张：9.5
字　　数：137 千字
印　　数：0001—3000 册
定　　价：58.00 元

编　委　会

前　言

习近平总书记在 2019 年 11 月 29 日中央政治局第十九次集体学习时发表重要讲话，强调要加强应急救援队伍建设，建设一支专常兼备、反应灵敏、作风过硬、本领高强的应急救援队伍。这为电网企业的应急救援队伍建设指明了方向。国家电网有限公司高度重视应急队伍建设，随着国家应急管理体系和治理能力现代化不断深入，新型电力系统建设加速推进，电网企业应急救援基干队伍面临更多变化和更高的要求。

为了更好指导应急救援基干队伍建设，国网浙江电力以实践经验为基础，面向应急培训教师和应急救援基干队伍，组织编写了《电网企业应急救援培训典型教案》和《电网企业应急救援处置典型案例》两本应急系列丛书。其中《电网企业应急救援培训典型教案》用以指导电网企业应急培训教师，组建教学知识模块，分析教学重点、难点，设计教学方案，提高教学质量。《电网企业应急救援处置典型案例》总结以往应急救援经验，归纳编成典型案例，指导电网企业应急救援基干队伍开展突发事件应急处置。

本系列丛书的编写得到了国网四川电力的大力支持，在此我们表示深深的感谢！我们也欢迎各位读者批评指正，共同完善，为提升电网企业应急救援能力贡献力量！

2023 年 12 月

目 录

一 电网设施抢修应急照明

（一）概述

当电网设施遭到风灾等破坏时，由于破坏力大、破坏范围广，可能导致电网设施被破坏程度高、停电范围广，同时可能对人民的生产生活及城市的正常运转产生影响，易发生公众恐慌，影响社会稳定，需要第一时间开展应急抢修工作。风灾不可避免在夜间发生，由于风灾抢修时间长，为确保最快恢复供电需 24h 不间断抢修，应急照明有着重要的作用。常见露天电网设施抢修包括：户外变电站抢修；输电线路抢修；配电线路抢修；户外箱变及柱上配变、开关等配电设施抢修。

电网设施抢修应急照明存在的主要困难有：一是因地面水位及雨水影响，灯具需做好防水、防潮处理；二是洪涝造成交通困难，大型灯具无法抵达抢修现场。为确保电网设施夜间抢修有序、高效、安全，保障最快速度恢复供电，应急救援基干队员需合理利用应急照明设备为抢修现场提供应急照明。

（二）组织体系和出动流程

1. 前期信息收集

风灾发生后指挥部应第一时间了解相关信息、制定相关方案，同步安排应急救援进行人员准备及装备准备。接到应急照明支援需求后，应立即通知应急救援基干队伍启动应急响应，并按要求派出相应队伍携带相应装备前往现场，需了解以下信息：

（1）电网设施受灾及抢修情况：受损设施类别及型号、受损程度、抢修点位数量、初步抢修方案及预计抢修时间，现场固有照明装置情况、现场临时用电情况。

（2）气象情况：抢修现场风力、温度、降水情况及趋势。

（3）道路交通情况：道路拥堵情况、道路受阻情况、限宽、限高、限重、限行情况、车辆设备停放场地、推荐进场路线、备用进场路线、现场场地情况及场地所属权相关信息等。

（4）通信情况：抢修现场周边通信基站是否受淹，现场手机信号能否畅通、现场是否有无线电管制、现场是否有应急通信保障。

（5）周围其他设施受损情况。

（6）现场自有照明设备情况、照明需求、现场联系人及联系方式。

（7）现场保障情况：食宿等后勤保障、油料及物资保障。

（8）抢修现场其他需求及要求：如应急发电、宿营保障、破拆等需求。

2. 出发前准备

应急救援基干队伍接到应急照明支援任务时应和指挥部获取以上信息，并第一时间和现场联系人对接细化以上信息。同时按要求启动对应级别应急响应，针对获取到的信息初步制定应急照明方案，方案应初步明确以下信息：

（1）人员安排。应急救援基干队伍应进行任务分工，并指定此次任务负责人。负责人作为现场指挥员应与第一梯队共同前往现场。常规作法是按照第一梯队、第二梯队、第三梯队（备勤）进行相应人员部署，可根据现场实际情况进行适当调整。

第一梯队（先遣小组）：5～10人，结合现场情况分析及任务需求情况，在集结完毕的人员中选择专业技术强、经验丰富的人员携带必要的轻便装备第一时间出发，以快速到达、前期处置、前期勘查、信息反馈等任务为主。

第二梯队（攻坚组）：5～15人，以具有一定经验、设备操作熟练的人员为主，提前准备必要的大中型装备。结合第一梯队反馈的现场实际信息对人员及装备进行对应的调整后携带大中型装备及其他需要补充的装备前往现场，主要以应急任务处置为主。

现场情况明朗、任务信息明确无需现场勘查时第一梯队和第二梯队可合并。

第三梯队（备勤人员）：10～25人，主要以备勤为主，做好人员支援、装备支援等准备工作。

（2）装备安排。根据指挥部及现场反馈的相关信息，结合气象、交通等方面实际情况合理选择应急照明装备，确保尽可能地提供完善的应急照明。选择应急照明设备应充分考虑应急照明任务情况、道路交通情况、场地空旷度、是否为密闭空间、是否为有限/受限空间、是否存在易燃易爆气体、是否具备市电接入、是否为居民区、是否为禁飞区、进场道路、环境温度等。

照明装备应满足现场大范围泛光照明、局部照明、单兵照明、指挥部照明、警示及辅助照明等需求，根据使用场景配备需要的静音照明设备、高空照明设备及其他应急救援装备。

现场固定照明设备应急供电后如具备照明条件，应同步携带应急发电设备，为固定照明设备提供临时供电。

（三）现场勘查

1. 现场对接

到达事发场地后，应急基干队任务负责人迅速与现场联络人对接，并第一时间和现场应急救援指挥部汇合将人员及装备情况汇报给现场应急救援指挥部。详细了解任务的详细情况，照明的需求、时间及相关注意事项。

2. 前期处置及现场踏勘

派出通信保障组，利用无线电设备、卫星通信设备、单兵音视频回传等通信设备，建立现场抢修通信网络、接通音视频回传链路，为现场抢修队伍通信、音视频信息回传提供通信保障。

派出前期处置组，开辟进场道路、设置装备临时停放区，对现场危险点进行勘查辨识并进行先期处置，根据勘查结果制定危险点辨识及预控措施。

派出现场勘查组，对前期收集的信息进行现场勘查，并对设备进场道路、摆放位置、照射角度等信息进行现场踏勘。将现场勘查的信息反馈给总指挥部、现场应急救援指挥部、应急救援基干队伍指挥部。

根据现场应急救援指挥部反馈的信息、前期收集的信息、经过勘查核实的相关信息，结合抢修方案对应急照明方案进行完善，完善后报指挥部批准。现场如邻近居民区、学校、医院、会议中心等场所应尽量选用静音照明设备并合理调整照射角度，避免产生噪声污染和光污染。

3. 现场交底

组织所有应急救援队员进行现场安全技术交底，对工作任务、人员分工、照明方案、抢修方案、通信方式进行交底并交代危险点及预控措施。

（四）具体应对

1. 现场布置

根据照明方案进行现场照明点位的布置，对于道路通畅、场地开阔、抢修时间较长的主抢修现场布置照明车或照明灯塔进行泛光照明，局部配备中小型照明设备进行亮度补强；对于交通不便、工作面较小或临时工作点设置便携式应急照明设备；现场应急救援指挥部内设置便携式泛光工作灯、帐篷灯等静音照明设备；抢修现场外围设置警示灯，局部作业配合头灯、手提探照灯进行；合理布置照射角度，避免强光直射作业人员。

每个独立抢修区域设置工作负责人；根据现场实际情况设置安全员和监护人员；做到每个工作面、每个工作点、每台设备都有人负责。结合照明时长，做好人员替换安排。

预留应急照明设备及机动人员，做好随时支援各抢修点位准备。

2. 任务开展

各点位、各设备负责人应根据所负责的照明设备情况进行相应检查，确保地面平整、承重力满足设备需求、设备升起高度安全距离内无带电设备及遮挡物、燃油设备周边无易燃易爆物、照射角度满足抢修工作需要的同时避免光污染。

场地具备条件后设备进场展开设备、设置接地线，并设置安全围栏。设备就位后根据任务需求调整灯具高度、照射角度，并进行设备启动试运行，检查设备运行状态。设备经检查运行状态良好后，按要求启动照明设备进行应急照明。

现场照明设备灯具高度、照射角度随着抢修工作面进行调整。设备如需加油、检修、关机调整位置等操作时，需调用备用设备进行不间断照明，待备用设备点亮后方可关闭设备进行相应操作。在照明设备运行过程中须有专人在现场监视设备运行状态，观察有无异响、漏液、倾倒等现象。应定期查看运行设备发电电压、电流、电源输出信息、燃油余量、散热器温度、电池余量等信息。

3. 任务间断

连续多天白天工作间断或抢修任务间断一定时间内无需照明时应急照明工作间断。

白天应急照明间断时，应将照明设备关闭、灯杆收起，设备应摆放或停放在不影响进场道路及抢修工作的位置。

夜间应急照明间断时，如间断时间较长现场无其他照明需求时应关闭照明设备，将照明设备恢复至初始状态；如间断时间较短或现场还有其他照明需求时，根据现场实际需求调整设备开启数量。

充分利用间断期间对设备进行检查、维护、添加燃油、补充电量等工作。

4. 任务终结

现场抢修工作结束或无需应急照明支援时，现场应急救援基干队伍根据接到指挥部下达的撤离指令后，组织人员及装备安全有序的撤离。

接到撤离指令后应按要求将设备收起，恢复至运输状态。撤离时应检查工作点位有无遗留物，清理现场产生的垃圾，检查并清点人员、装备及工器具。所有人员及装备返回基地后报指挥部，并对装备进行入库、填写使用记录，后期做好任务评估总结工作。

（五）注意事项

电网设施风灾抢修应急照明，应充分考虑其破坏面大、破坏力强等特点，同时可能带来强降雨、降雪、降温、沙尘暴等灾害。应做好多种灾害同时发生的综合应急救援处置措施，同时考虑民众及社会影响应确保最快速恢复供电。

（1）现场如具备照明条件，应最快速度固定照明设备，提供应急电源，恢复照明。

（2）应密切关注新闻舆情情况，严禁随意接受采访、严禁公网发布相关敏感信息、设置专人进行宣传报道及发言。

（3）结合现场实际情况选用大型应急照明设备，防止因限高、限宽、限重等限制条件无法进场。

（4）灯杆升起前应仔细勘查现场，确保升到最大高度后安全距离内无带电设施，倾倒范围内无重要设施。

（5）设置照明点位时，应仔细检查地面承重情况，确保满足设备承重需求，防止设备倾倒。

（6）高杆照明灯做好防风措施，风力达到使用等级限制时立即停止作业，收起灯杆。

（7）自发电设备使用前应可靠接地，设备应配备足够的灭火器。

（8）燃油设备添加燃油时应关闭设备、确保设备冷却后进行，在开阔、无易燃易爆物的室外场所进行。

（9）无人机应急照明设备操作人员需经过培训并考取无人机操作证书；无人机飞行前应办理相关手续，严禁黑飞、严禁在禁飞区飞行；系留无人机应急照明设备使用前应进行可靠接地。

（10）设备出库前应进行外观、电量检查，并启动检查确保可正常使用。

（11）电池充放电期间应全程专人看护，严禁长时间过度充电。

（12）使用具有图像拍摄、视频录制、视频传输等功能的设备应严格遵守相关保密措施，严禁在敏感场所使用。严禁拍摄、录制敏感信息，严禁公网传输相关图像及视频信息。

（13）设备运转过程中严禁遮挡、覆盖设备散热位置，发动机排气口及散热器附近严禁放置易燃易爆物。

（14）设备操作人员应经过培训并考试合格，具备熟练操作及常见故障处置能力。

（15）撤离不等于任务结束，应安全、有序撤离，任务处置行车过程中注意交通安全，设置交通安全员。合理使用抢险车辆及灯光、警报等专用设备，车队有序通行。

（六）体会

1. 人员素质方面

应急照明任务通常具有突发性、紧急性、连续性，队员需具有一定的电力专业技术及熟练操作应急照明设备的能力。

2. 照明装备方面

应根据不同任务场景配备多种类型应急照明装备，以满足各类场景需求。

3. 人身安全方面

输电线路抢修应急照明的应急救援基干队员应穿戴好安全帽、手套、绝缘鞋、工作服等个人劳动防护用品，携带个人工器具，在搭建应急照明时，需时刻关注周围情况，并考虑次生灾害等带来的不利影响。

4. 协调联动方面

加强与政府相关部门或现场应急救援指挥部进行对接，及时了解上级指挥机构相关要求，进一步分析辨识危险源，及时掌握上游泄洪、塌方等风险，落实照明需求，完善照明现场处置方案。

二 地下变、配电站房抢修应急照明

（一）概述

某地区因连续降雨或短时强降雨，积水无法及时排出，引发低洼地区积涝，洪水涌入地下配电站房，造成片区跳闸停电，大量供电用户受到影响，急需开展电力抢修。被洪水侵袭过的地下配电站房，抢修环境极为复杂：一是位置处于地下，光照不足，视线昏暗受阻；二是排涝过后，地面淤泥堆积，垃圾凌乱、深浅不明。在此环境下，必须采用适宜的应急照明装备，以改善抢修现场照明条件，保证现场作业安全。

供电保障涉及民生用电底线，因此在地下配电站房故障时，抢修的时效性就格外重要。采用应急照明装备，是开展地下配电站房故障抢修的必备条件，对提升抢修速度、保障作业安全具有重要的意义。

（二）组织体系和出动流程

1. 前期信息收集

应急救援基干队伍接到上级指令后，需第一时间了解以下信息：

（1）现场信息：现场当前气象情况，道路通行情况；地下配电站房受灾情况，地下站房布置图等信息收集。

（2）照明需求：所需照明原因、所需照明范围、当前现场照明情况等。

（3）通信情况：地下站房手机信号是否通畅。

（4）临时供电信息：了解现场临时供电情况、供电抢修信息、重要用户等信息。

（5）救援类型：现场除了应急照明外，是否需要开展其他类型应急救援。如有，需携带现场可能出现的易发次生灾害应急救援装备。

2. 组织出动

抢修现场应急救援基干队伍主要由队伍负责人、安全监护人、救援人员组成，预警状态下应急救援基干队伍进入值守状态，保持24h通信畅通。地下配电房抢修应急照明主要装备见表2-1。

表2-1 地下配电房抢修应急照明主要装备

序号	装备名称	功能要求
1	移动开障灯	自发电，连续照明时长大于12h
2	多功能箱式移动工作灯	自发电，连续照明时长大于12h
3	移动应急充电箱	充电式
4	轻便多功能工作棒	充电式，连续照明时长大于12h
5	强光手电	充电式，连续照明时长大于12h
6	防爆强光工作灯	充电式，连续照明时长大于12h
7	轴流风机	功率不小于0.75kW
8	气体检测仪	复合式
9	压缩空气呼吸机	自给开路式

队伍负责人一是做好与可能受灾公司联系，了解可能涉及的作业场景，做好灾情预判，编制装备及人员清单，并做好国网新一代应急指挥系统（简称ECS系统）信息报送；二是组织救援人员按照装备清单进行检查及试运行，确保应急状态下可正常使用，具备条件的进行预装车，做好随时出发准备；三是组织梳理应急保障物资，做好运输车辆保障和调度。

队伍负责人接到响应指令后，马上与受援单位进行任务对接，明确任务信息及需求（受援地点及场景类型、受援单位联系人及联系方式等），并组织救援人员进行装备调整，以符合现场作业实际需求。

（三）现场勘查

队伍负责人组织做好环境勘查并做好信息上报。环境信息包括：

（1）现场气象信息和道路通行情况。

（2）检查作业场地情况：① 场地是否平整、满足照明装备就位；② 周边环境是否符合照明装备作业要求（照明高度内妨碍照明装备使用的危险因素存在）；③ 有限空间内气体含量是否满足要求，通风设施布置情况等；④ 检查作业区域内是否存在易燃易爆物品。队伍负责人做好现场工作信息上报 ECS 系统，与队内各组实现信息共享。

（四）具体应对

队伍负责人与电力设备抢修作业点的工作负责人对接，确定照明装备和方案。

队伍负责人根据照明方案开具作业任务单，并进行人员分工及现场安全交底，安全监护人员先对现场设置安全警戒线和安全围栏等安全措施后开展安全监护。

救援人员根据队伍负责人指令就位照明装备，规范装设接地线，并做好设备启动前检查。启动时，应先开启电源空开，随后调节灯具照明方向，升起灯杆。可先开启部分灯具照明，并与抢修作业点工作负责人沟通，随时调整照明角度及亮度，确保符合现场抢修作业照明需求。

在地下配电站房抢修应急照明时，应按有限空间作业规定的原则，先通风、再检测、后作业。作业时应始终采取通风措施，保持空气流通，禁止采用纯氧通风换气。地下配电站房抢修应急照明宜采用充电式照明装备，如采用燃油装备，应关注空间气体变化，并保持空气流通。

在照明工作期间一是做好现场沟通与装备调整，确保照明作业满足现场需求；二是做好信息上报，保障通信设施畅通，与上级应急办保持密切联系；三是做好设备状态检查，及时添注动力装备油料、更换充电装备电池；四是做好现场值守人员排班及物资保障。

照明工作结束时，应先关闭灯具照明，操作控制面板降落灯杆，复位到原始角度并锁定，随后依次关闭总开关，关闭控制室门，锁上锁止销。

照明工作结束后，应与抢修作业点工作负责人再次沟通，确认照明任务全部完成后上报 ECS 系统，并向上级应急办汇报任务完成情况，得到撤离指令后再组织返回驻地待命。

（五）注意事项

抢修现场应急照明应充分考虑不同子场景的抢修特性和夜间视线不足的因素，防范人身、设备、环境风险。

1. 人身安全方面

在队伍行进过程中，救援人员应根据受援地点的行程时间每相隔60min 向队伍负责人汇报一次队伍行进情况，由队伍负责人向上一级领导汇报工作。

队伍负责人应密切关注作业人员精神状态，应合理安排救援人员排班。在地下配电站房照明时应使用气体检测报警仪对作业面进行检测，时刻注意救援人员精神状态，出现身体不适，立即撤离现场。

2. 设备安全方面

照明时，选择安全可靠位置开展工作，上空不得有影响照明作业的障碍物，照明装备应可靠接地。照明装备操作过程应做好安全监护。在照明工作过程中，救援人员不要随意拆卸灯具，以免造成触电。当拆卸灯具时，应确保所有电源已经切断。

充电式照明装备使用前应检查提手、电池盒盖、电线接口、充电口盖等处结构件是否结合紧密，确保防水、抗冲击能力。

3. 环境安全方面

队伍负责人应通过 ECS 系统密切关注气象、风速，照明过程中不准靠近易坍塌、摇摆物体及避雷针、避雷器。

（六）体会

1. 人员素质方面

抢修现场应急照明一般为夜间连续性作业，应根据队员身体情况做好排班计划，作业过程中应密切关注救援人员身体状况。

2. 救援装备方面

夜间抢修一般投入较多的人力、物力，要确保足够的备品备件以应对临时装备突发故障，必要时要做好备用照明装备替代方案，避免出现因照明中断耽误抢修进度的情况。

做好装备连续工作保障，动力装备应做好燃油供给准备，充电式装备做好电池储备，在工作结束后应及时充电，以备后续使用。

3. 环境设施方面

现场应划分作业区域，对照明现场做好围挡措施，同时应注意因现场环境变化导致的次生灾害，例如掀开盖板的电缆沟、塌方沉陷等危险区域，做好警示标识。

4. 协调联动方面

由于自发电式应急照明装备噪声较大，夜间打扰周边居民休息，应与属地公司联系，做好周边居民事先沟通工作，以免引发不必要的舆情。

三 灾害现场的应急照明

（一）概述

在因灾害发生电源缺失，导致供电照明故障后，随即可能引起人群撤离困难；当电网运行故障时，导致重要用户失电等随时可能发生次生危害事件；当社会灾害事件发生时，供电照明系统跟不上，容易导致灾害进一步扩大，人员财产遭受进一步的损失。当地供电公司接到政府应急指挥机构救援任务后，经快速研判，启动应急响应。应急响应通过 ECS 系统发布，派发任务工单，调配应急救援基干队伍、物资、装备、车辆等资源前往救援。

常见的应急照明系统缺失的情况主要有四种：一是城市广场在承办大型活动时，出现电源缺失情况，造成广场照明系统大范围故障；二是电力系统受自然灾害、设备损坏或外力破坏等原因导致未能正常运行，需要抢修照明；三是城市地铁塌方、燃气泄漏等情况，导致城市功能正常运转受到严重威胁等事件发生；四是社会救援过程中，可能在河流上方或者大型灯具无法到达的地方需要开展应急照明。

如某日 20 时左右，某班次列车出现脱轨、车厢掉落的事故。当地供电公司在接到市政府应急救援指令后，紧急调配应急救援基干队伍、物资、装备、车辆等资源，赶赴现场开展事故救援应急照明处置。本案例分析了客运列车脱轨重特大铁路交通事故中，应急救援基干队伍如何开展应急照明工作。列车追尾脱轨现场如图 3-1 所示。

图 3-1　列车追尾脱轨现场

（二）组织体系和出动流程

1. 队伍调动

列车事故属于社会影响较大的事故，应急救援指令会通过政府社会应急联动网络快速传达。社会应急联动网络联络员向分管领导和安监部门汇报请示后，通知应急指挥中心值班室通过 ECS 系统发布相关信息及调动应急救援基干队伍。

2. 信息收集

应急救援基干队伍负责人接到信息后，通过 ECS 系统、电话、在线视频等手段初步了解现场信息。主要了解的信息有：

（1）事发地点及周边环境。列车追尾脱轨的具体地点，事故规模，应急照明进场路况，交通、气象等信息。

（2）现场应急救援指挥部信息。政府主导的现场应急救援指挥部信息，包括设置点、配套的供电和照明需求。

（3）临时供电信息。了解现场临时供电情况、供电抢修信息等。

（4）所需照明范围。照明缺失原因，所需照明范围，目前已有照明布置情况等。

（5）救援类型。现场除了应急照明外，是否需要开展其他类型应急救援。如有，需携带现场可能出现的易发次生灾害应急救援装备。

3. 救援装备

根据 ECS 系统指令，集结应急救援基干队伍并进行分工，列车事故救援应急照明工作由应急救援基干队伍负责人担任现场指挥员，在当地供电公司应急指挥部的指挥下进行，根据 ECS 系统指令，集结应急救援基干队伍并进行分工，安排专人负责现场勘查、风险预控、照明操作、后勤保障等工作。应急指挥中心通过 ECS 系统调配照明、通信等应急装备（见表 3-1），赶往事发所在地。

表 3-1   应 急 照 明 主 要 装 备

序号	装备名称	功能要求	数量	备注
1	照明车	车载式，照明功率不小于 16kW	1 辆	在空旷的场地或者大型抢修现场等需要照明场所
2	无人机照明	需保证使用时间不低于 8h	2 台	在河流上方或者大型应急照明装备无法到达的时候使用
3	4.5m 泛光灯	自带发电机，不低于 2kW	4 台	能够在局部区域对光源量进行补充
4	应急救援气球灯	自带发电机，不低于 2kW	4 台	提供 360° 可直视高亮无影照明
5	背负式照明灯	需保证使用时间不低于 8h	2 台	在大型照明因环境无法到达，山上或者狭小空间需要照明
6	轻便移动灯	自带电池、防爆、LED 灯头	6 台	可快速进入交通困难区域
7	LED 充电工作灯	自带电池、LED 灯头	10 台	可快速进入交通困难区域
8	大型照明系统	自卸式，自带发电机	2 台	能对照明车照不到的区域进行照明补充
9	充电方舱	能够同时满足 30 台手持装备充电	1 台	在现场对小型充电装备进行充电，如手电和对讲机等
10	挡雨相关装备	雨衣、雨布等装备	4m×4m	在雨天使用
11	转运载具	可适应多种地形	2 辆	转运装备物资和人员

（三）现场勘查

应急救援基干队伍抵达列车追尾脱轨地点之后，现场勘查人员负责勘查环境信息、照明作业信息和政府现场救援指挥部信息。环境信息包括气象信息、道路通行情况（大型装备进入路线）、移动通信情况等；照明作业信息包括被困人员救援点、医疗救治通道、抢修恢复作业点等；政府现场应急救援指挥部信息包括指挥部设置点、需要支援的临时供电和照明需求等。勘查信息上报 ECS 系统，与队内各组实现信息共享。

（四）具体应对

风险预控人员首先对各照明点进行风险排查，设置安全警戒围栏。对照明装备设置点进行检查，确认地面平整，有足够的强度承载设备重量，防止发生陷车或设备展开后发生倾斜、倾倒风险。

照明操作人员将照明装备布置到指定位置后，展开设备、敷设电源线、设置接地线。启动发电机组（接通电源），升起照明灯组，打开照明灯具，调整灯具角度确保最佳照明效果。在照明设备运行过程中，照明操作人员应监视装备运行状态，定期查看发电机油压、转速、水温及输出电源电压、电流，防止意外发生损坏机组，每个照明点最少需要两个人开展工作。其中，被困人员救援点优先使用救援气球灯，保障搜救现场光照条件。应急照明车保障现场救援如图 3-2 所示。

图 3-2 应急照明车保障现场救援

根据政府现场救援指挥部要求，需要对指挥部临时供电和照明进行保障工作，确保指挥部开展现场救援协调指挥工作，并启用充电方舱供应急指挥和救援人员进行手机、对讲机、卫星电话、手电等充电。

　　后勤保障人员在救援期间，保障通信设施畅通，与应急指挥中心保持密切联系。做好应急救援装备的转运工作（见图3-3），将救援管控区外的装备通过人力、运输器械等方式搬运至救援核心区。

图3-3　后勤保障人员转运照明装备

　　在政府现场救援指挥部下达救援结束指令后，应急救援基干队伍开始整理救援装备，所有人员、车辆、装备安全有序地撤离，并由现场指挥员通过ECS系统向应急指挥部反馈处置情况。

（五）注意事项

　　事故救援应急照明灾害现场具有伤亡人数多、参与救援人数多、社会关注点高等特点，应切实做好救援人员自身安全保障、跨部门协同救援和社会舆情引导。

　　（1）在选择照明车辆、灯塔等大中型照明装备工作点时，不得妨碍道路车辆行驶，防止因道路堵塞引起的一系列问题。

　　（2）在设置照明点时，必须清理周边危险物品，不得在易燃易爆品附近设置照明点，防止因操作不当引爆易燃易爆品。

　　（3）在设置照明点时，上方严禁有高压线路或者树枝等遮蔽物，防止在灯杆升降过程中触电、引燃树枝。

　　（4）各照明车辆及照明设备在工作过程中必须严格做好接地，埋深必须达到要求。

　　（5）操作人员装备操作过程中，需要密切关注装备使用的油料及各种参数情况，密切关注风力动向，若风力超过六级时，及时下降灯杆，进行照明设备的调整。

（6）救援过程应保持规范操作和严密纪律，防止发生影响公司形象的舆情事件。

（7）在出现较多人员伤亡的情况下，应同步关注抢救事故伤员的医院用电情况，开展临时保电工作，确保事故伤员救治过程中供电可靠性。

（六）体会

1. 队伍出动方面

灾害事故社会影响较大，救援工作分秒必争。应急救援基干队伍无法成建制出动时，应分梯队赶赴现场，优先携带轻量化、便携的救援装备开展工作。

2. 救援装备方面

由于自然灾害带来的局部区域的电力瘫痪，需要立刻恢复当地损害的电力系统。由于现场情况复杂，需要适用于不同场景的应急照明装备，以满足不同的现场环境。现场应配置泛光性照明设备，在突发情况下，快速查找、定位突发的区域，震慑、追踪不良行为人，指示、引导公众疏散方向等。

各项应急事故可能发生在偏远的郊区或者山区，道路通行条件差，需要有山地运输功能的车辆运送装备物资和人员。

3. 安全管理方面

现场大型照明设备、发电设备等要安装平稳，固定牢靠，应设置安全警示范围、悬挂警示标志并派人看守，现场必要配置干粉灭火器，以应对发电或照明设备引发的电气火灾。

4. 协调联动方面

加强与政府现场救援指挥部联络，及时了解上级指挥机构相关要求，发挥供电企业基础保障作用。进一步分析辨识危险源，落实对照明点和现场需求，完善照明现场处置方案。通过现场应急救援指挥部做好发电机连续工作燃油供需，保障应急照明装备持续工作。

四 安置点保供电

（一）概述

复杂多样的地质灾害，给人民群众的生命财产安全带来了极大的威胁，同时也给当地电网造成了巨大的损失。伴随着地质灾害的发生，导致受灾地区房屋倒塌、毁坏等，造成受灾群众流离失所。此时此刻，需要快速高效地搭建起受灾群众临时安置点，为受灾群众提供基本生活保障。国家电网有限公司秉承"人民电业为人民"的宗旨，勇于担当，第一时间投身到应急救灾工作当中去。公司应用 ECS 系统，紧急调配应急救援基干队伍、物资、装备、车辆等资源，配合当地民政部门，有序高效开展政府指挥部、重要客户及受灾群众临时安置点的供电保障工作。

常见的政府指挥部、重要客户及受灾群众临时安置点保供电工作主要有四种形式：一是 10kV 无源快速组网；二是 10kV 有源快速组网；三是 0.4kV 无源快速组网；四是 0.4kV 有源快速组网。受灾群众临时安置点保供电现场如图 4-1 所示。

图 4-1 受灾群众临时安置点保供电现场

（二）组织体系和出动流程

1. 前期信息收集

公司应急指挥部接到保供电支援需求后，立即通知应急救援基干队伍开展支援，并第一时间了解以下信息：

（1）现场信息。现场当前气象情况，道路通行情况；政府指挥部地点、重要客户数量及地点、受灾群众临时安置点位置等信息收集。

（2）保供电需求信息。政府指挥部用电负荷、重要客户配电站房布置图及其用电负荷、受灾群众临时安置点规模等。

（3）通信情况。保供电现场手机信号是否通畅。

（4）保供电预计时长。了解保供电的需求时长，以便更充分地准备发、供电设备和油料。

2. 组织出动

应急救援基干队伍预警状态下进入值守状态，保持 24h 通信畅通。应急救援基干队伍负责人要做好：① 与受灾单位联系，了解受灾情况、灾害现场环境等因素，做好灾情预判，编制装备及人员清单，并做好 ECS 系统信息报送；② 组织应急救援基干队伍按照装备清单进行装备检查，确保应急状态下能正常使用，具备条件的进行预装车，做好随时出发准备；③ 组织梳理应急保障物资，做好运输车辆保障和调度。

应急救援基干队伍现场负责人接到响应指令后，马上与受援单位进行任务对接，明确任务信息及需求（受援地点及场景类型、受援单位联系人及联系方式等），并组织救援人员进行装备调整（参见表 4-1 和表 4-2），以符合现场作业实际需求。

表 4-1　　　　　　　　　　应 急 供 电 主 要 装 备

序号	装备名称	规格型号、功能要求	备注
1	发电车	400kW 以上发电车	根据灾害现场需求确定
2	发电机	不小于 50kW 发电机	根据灾害现场需求确定
3	应急电源	负载不小于 2kW	根据灾害现场需求确定
4	防爆电筒	防爆等级不低于 Ex d ib ⅡCT6 Gb	每名队员 1 把

续表

序号	装备名称	规格型号、功能要求	备注
5	无人机	视频采集回传，遥控距离≥5000m	根据安置点帐篷数量确定
6	中继台（手持对讲机）中继对讲机	（15～30W）有中继功能的≥2000m	1台每3名队员1台
7	移动照明灯塔	照明功率不少于16kW，照明高度不小于6m	每10顶帐篷配置1台
8	低压配电箱	300mm×400mm×180mm	每顶帐篷1个
9	接地棒	长度大于600mm（含接地线2m）	每个配电箱1根
10	空气断路器	C32	每个配电箱4只
11	灯头	普通螺口	每顶帐篷3个
12	灯泡	LED灯20W	每顶帐篷3个
13	枕头开关		每顶帐篷1个
14	接线板	无线排插	每顶帐篷1个
15	工具包	含全套电工工具、万用表	每3名队员1套
16	护套线	BVVB-2×1.5、BVVB-3×2.5	每顶帐篷各20m
17	橡皮软绝缘线	铜芯BX-3×2.5	每顶帐篷10m
18	双绞线	RVS2×0.75	每顶帐篷10m
19	塑料扎带	5mm×200mm、6mm×400mm	每5顶帐篷各1包
20	人字梯	2m	每3名队员1把
21	杉木杆	4m	每顶帐篷1根
22	铁锹、锹锄		每3名队员1把

表4-2　　　　　　　应急照明主要装备

序号	装备名称	功能要求	数量	备注
1	照明车	车载式，照明功率不小于16kW	1辆	在空旷的场地或者大型抢修现场等需要照明场所
2	无人机照明	需保证使用时间不低于8h	2台	在河流上方或者大型应急照明装备无法到达的时候使用
3	4.5m泛光灯	自带发电机，不低于2kW	4台	能够在局部区域对光源量进行补充
4	背负式照明灯	需保证使用时间不低于8h	2台	在大型照明因环境无法到达，山上或者狭小空间需要照明

续表

序号	装备名称	功能要求	数量	备注
5	大型照明系统	自卸式，自带发电机	2 台	能对照明车照不到的区域进行照明补充
6	充电方舱	能够同时满足 30 台手持装备充电	1 台	在现场对小型充电装备进行充电，如手电和对讲机等
7	挡雨相关装备	雨衣、雨布等装备	4m×4m	在雨天使用

做好队伍行进规划，第一时间调配发电机（车）、应急照明设备、电线电缆等应急装备，赶往灾害发生地，完成政府指挥部、重要用户及受灾群众临时安置点保供电处置工作。后续根据现场勘查情况，做好风险预控，安排专人负责后勤保障工作。

（三）现场勘查

应急救援基干队伍抵达灾害发生地点后，现场负责人组织做好环境勘查并做好信息上报，与队内各组实现信息共享。现场勘查人员收集安置点信息如图 4-2 所示。

图 4-2　现场勘查人员收集安置点信息

1. 接受指令

应急救援基干队伍到达事故现场，队伍现场负责人迅速与现场应急救援指挥部相关负责人对接，汇报队伍基本信息和人员抵达情况，了解救灾区域受灾群众临时安置点设置情况，听取现场应急救援指挥部的意见，接受现场应急救援指挥部任务指令。

2. 现场踏勘

为保证现场救援安全有序，对临时安置点应急照明保电区域进行全面踏勘、风险辨识，设置警戒、围栏，做好应急照明保电各项安全措施等。

检查作业场地情况：临时安置点区域的电力设备受损和运行情况；包括发电机、电缆、配电箱等设备是否正常运行；场地是否平整，满足照明装备就位；周边环境是否符合照明装备作业要求（照明高度内无高压线、树枝等妨碍照明装备使用的危险因素存在）；检查作业区域内是否存在易燃易爆物品。

3. 前期处置

根据救援现场的实际情况，按照现场应急救援指挥部的统一部署，明确详细应急照明保电方案，并把勘查信息及施救准备、安全措施等情况及时上报 ECS 系统，确保信息共享。

（四）具体应对

风险预控人员根据现场信息编制《安全技术交底书》，作业开始前由应急救援基干队伍现场负责人召开班前会，告知应急救援基干队员作业现场危险点和预控措施，并按照标准化作业流程开展照明安装工作，如图4-3所示。

政府指挥部、重要用户需单独以发电车接入供电。

1. 作业前准备

（1）对市（县）政府指挥部、国家电网应急抢险指挥部、临时安置点、危化品及矿区进行全方位勘查。

（2）对政府指挥部、国家电网应急抢险指挥部等重点对象进行应急电力保障，整合检测信息资源，上报上级单位研判，等待进一步指令。

（3）对危化品及矿区进行防护网阻隔，并悬挂"此处危险"标识牌，如需进入现场查勘，须配备防毒面罩并携带防爆照明灯方可进入现场。

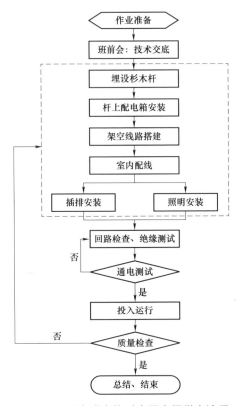

图 4-3 受灾群众临时安置点保供电流程

（4）工作负责人（监护人）向作业成员明确交代作业内容、安全注意事项、危险点及预控措施及人员分工等。

（5）工作负责人（监护人）会同工作成员检查现场作业条件是否符合作业要求，安全防护措施是否正确完备。

（6）检查确认现场装备、工器具及材料是否满足作业需要。

2. 应急电源搭建

（1）在发电机（车）放置处和每顶帐篷门外右侧 1.5m 处预埋 1 根杉木杆。

（2）展放并截取适当长度的 BX-3×2.5 铜芯橡皮软绝缘线作为架空导线，两端用电工刀进行绝缘层剥削。

（3）在距离杉木杆顶端 100mm 处，以导线终端绑扎方法或采用猪蹄扣将导线固定，并用尼龙扎带扎牢。

（4）线路始端与发电机出口专用插头连接好。注意事项：两人配合进行，利用人字梯时地面电工做好监护。插头接好后备用，不得插到发电机上。

3. 杆上配电箱安装（箱体安装固定）

（1）安装位置。箱体安装在靠近帐篷的入户杆上。

（2）安装固定。采用扎带或护套线将箱体固定，四角穿线孔均穿入绑扎带，牢牢绑在杉木杆上，水平无偏差。

（3）接地。配电箱的箱体、箱门及箱底盘均应采用铜编织带或黄绿相间色铜芯软线可靠接地，零线和接地线应保证一孔一线。在地面打入接地极，接地线与配电箱接地端子连接。配电箱内安装 4 只剩余电流断路器（漏电保护断路器），用 $2.5mm^2$ 的单芯铜线作为连接导线，将 4 只剩余电流断路器按照"一进三出"进行导线连接。配电箱进线与架空线路桥接，与总断路器进线端子连接，地线接在接地端子上。

4. 室内配线

（1）展放并截取适当长度的 1 根 BVVB-3×2.5 铜芯护套线作为插排回路导线。

（2）3 根负荷导线集束固定在入户杆顶端，用尼龙扎带固定，始端预留足够长度，以备与配电箱内出线断路器连接。

（3）帐篷内负荷线束经帐篷顶角进入帐篷内，并在架构处绑扎固定。

（4）插排导线沿帐篷屋檐横梁走线固定，至第 2 根立柱处拐直角弯向下沿立柱至地面，途中用绑扎带固定。

（5）照明回路导线进入帐篷后沿山墙支撑梁斜上走线至顶棚中心梁，然后沿中心梁水平走线至第二只灯泡安装处，途中用绑扎带固定在钢梁上。

5. 插排及照明安装

（1）插排导线末端进行绝缘层剥削，接入移动多功能插排，固定在立柱上。

（2）展放并截取适当长度的 2 根 RVS2×0.75 铜芯双绞软花线作为灯泡连接导线。

（3）用尼龙扎带将花线理顺，平直绑扎在架构上固定好。

6. 回路检查、绝缘测试

安装完成后，对全部安装工作进行全面检查，确认无误后拧上节能灯泡。

7. 通电试验、投入运行

（1）回路检查及绝缘测试结束后，清理作业现场，回收全部工器具及作业材料，清理现场遗留杂物，保证现场无影响送电的因素。

（2）启动发电机，检查电压、频率正常，合上出口开关，验电正常。插上架空线路插头。

（3）在配电箱电源进线端子处验电正常。

（4）依次对照明回路和插排回路的剩余电流断路器进行带电测试，然后合闸，验电正常。

（5）合上照明开关，并进行两次开合试验，确认电灯工作正常且开关位置与灯泡的状态切换相符，灯泡发光正常。

后勤保障人员在临时安置点照明安装期间，保障通信设施畅通，与应急指挥中心保持密切联系。提前设置移动应急照明装备，确保安置点照明安装现场的照明需要。

临时安置点照明回路安装完成后，必须对全部安装工作进行全面检查，确保整条应急架空线路牢固可靠，满足现场正常通行要求（对地高度不低于 2.2m）；导线各接点压接牢固，无裸露线芯、虚接等现象；配电箱的箱体、箱门及箱底盘接地正确、可靠；剩余电流断路器进出线接线正确无误。检查无误后严格按照线路停送电流程进行送电操作，确保整个照明回路安全可靠。工作结束后，各组整理装备，并由应急救援基干队伍现场负责人通过 ECS 系统向应急指挥部反馈处置情况。安置点照明现场示例如图 4-4 所示。

（五）注意事项

临时安置点照明安装涉及高处作业、触电等风险，应切实做好人身安全和设备安全各种防范措施。

图 4-4 安置点照明现场示例

1. 人身安全方面

临时安置点现场帐篷拉绳较多，作业人员应精力集中，防止被帐篷拉绳绊倒；使用人字梯作业时，不可采用骑马式站立，站在梯子顶部，登高作业超过 2m 时，应设专人监护；风险预控人员应监控整个作业现场，防止受灾群众进入作业现场。现场移动照明设备、发电机（车）周围应设围栏，并由专人监护，防止非专业人员触碰设备。

2. 设备安全方面

（1）发电机（车）、移动照明设备应选择安全可靠位置开展工作，上空不得有遮蔽物。发电机（车）和所有配电箱应可靠接地，避免漏电。进入帐篷的线路应做好滴水弯头，避免雨水顺线路流入帐篷内引发短路。每路照明支线上连接灯数不得超过 10 盏，若超过 10 盏时，每个灯具上应装设熔断器。

（2）户外应急供电时，要先进行现场勘查：用户侧负荷功率，穿戴绝缘手套采用相序表核相，并记录用户侧相序；电缆接入点位置及接地点，电缆布放线路应选择无车辆通行及无积水道路。

（3）户外照明时，选择安全可靠位置开展工作，上空不得有影响照明作业的障碍物，照明装备应可靠接地。照明装备操作过程应做好安全监护。

在照明工作过程中，救援人员不要随意拆卸灯具，以免造成触电。当拆卸灯具时，应确保所有电源已经切断。

3. 消防安全方面

临时安置点照明线路容量有限，帐篷内禁止使用大功率电器，避免线路发热、漏电引起火灾和触电事故，所有安置点应配备必要的消防器材；500 人以上的临时安置点，除配备必要的消防器材外，应协调消防部门派驻消防员进行管理。

（六）体会

1. 人员素质方面

临时安置点照明回路安装时间紧、任务重，要求在最短时间内完成全部工作，应急救援基干队员需要有较强的身体素质和熟练的配电安装技术；应急供电人员需对设备熟悉且有现场保电经验，需 2 人一组，开展作业前能根据现场迅速制定供电方案，快速进行电缆敷设、接入、调试及供电。

2. 救援装备方面

发电机和移动照明设备应便于运输和装卸，大型发电机及灯塔应具备自装卸功能。

3. 环境设施方面

（1）应急救援基干队伍现场负责人应通过 ECS 系统密切关注气象、风速。照明过程中不准靠近易坍塌、摇摆物体及避雷针、避雷器，当风速超过装备最大允许风速时，应立即暂停作业。如遭遇大风雷雨等恶劣天气，应采取措施保障人员和设备安全。

（2）应急供电时，沿应急电源车外沿 1.5m 布放安全围栏，安全围栏四面各挂一块"有电危险"警示牌。

（3）电源车停放位置应选择平整坚实的硬化路面（注意轮胎及支腿不得压于井盖上），停放于开阔的区域（排烟顺畅，废气有害）；与负载侧接入点能满足电缆接入距离。

4. 协调联动方面

加强与当地政府或政府指挥部的联系，做好发电机（车）、移动照明设备连续工作燃油供应；加强应急通信卫星通道使用协调，确保通道正常。由于自发电式应急供电、照明装备噪声较大，夜间打扰周边居民休息，应与属地公司联系，做好周边居民事先沟通工作，以免引发不必要的舆情。

五 事故现场应急供电

（一）概述

随着经济社会的发展和城镇化进程的推进，我国城市规模不断扩大，城市功能日趋多元复杂。由于我国城市风险管控能力跟不上城市发展速度，近年来，城市重特大事故频发，如天津港"8·12"瑞海公司危险品仓库特别重大火灾爆炸事故、深圳光明新区渣土受纳场"12·20"特别重大滑坡事故等。这些事故涉及城市中的工业企业、人员密集、公共设施等多种要素，事故区域内的公共电网可能无法正常运行，且在事故应急救援中，对于电力可靠供应要求较高。当地供电公司接到政府应急救援指挥机构救援任务后，经快速研判，启动应急响应。应急响应通过ECS系统发布，派发任务工单，调配应急救援基干队伍、物资、装备、车辆等资源前往救援。

（二）组织体系和出动流程

1. 队伍调动

社会类突发事故一般影响较大，应急救援指令会通过政府社会应急联动网络快速传达。接到事故救援信息后，在公司应急指挥部的指挥下进行，根据ECS系统指令，集结应急救援基干队伍并进行分工，安排专人负责现场勘查、装备运输、照明作业、后勤保障等工作。

2. 信息收集

应急救援基干队伍现场负责人接到信息后，通过ECS系统、电话、在线视频等手段初步了解现场信息：

（1）事发地点及周边环境。事故的具体地点，事故规模，应急照明进场路况，交通、气象等信息。

（2）现场应急救援指挥部信息。政府主导的现场应急救援指挥部信息，包括设置点、配套的供电和照明需求。

（3）临时供电信息。了解现场临时供电情况、供电抢修信息等。

（4）救援类型。现场除了应急照明外，是否需要开展其他类型应急救援。如有，需携带现场可能出现的易发次生灾害所需的应急救援装备。

3. 救援装备

根据 ECS 系统指令，集结应急救援基干队伍并进行分工，安排专人负责现场勘查、风险预控、装备运输、照明操作、后勤保障等工作。通过 ECS 系统任务反馈情况，调配应急发电车、单兵照明装备、移动式泛光灯塔、照明车等应急装备，赶往抢修现场。临时照明所需材料和应急供电主要装备分别见表 5-1 和表 5-2。

表 5-1　　　　　　　临时照明所需材料

序号	装备名称	规格型号、功能要求	备注
1	发电机（车）	不小于 50kW 发电机（400kW 以上发电车）1 台	根据安置点帐篷数量确定
2	移动照明灯塔	照明功率不小于 16kW，照明高度不小于 6m	每 10 顶帐篷配置 1 台
3	低压配电箱	300mm×400mm×180mm	每顶帐篷 1 个
4	接地棒	长度大于 600mm（含接地线 2m）	每个配电箱 1 根
5	空气断路器	C32	每个配电箱 4 只
6	灯头	普通螺口	每顶帐篷 2 个
7	灯泡	LED 灯 20W	每顶帐篷 2 个
8	枕头开关		每顶帐篷 1 个
9	接线板	无线排插	每顶帐篷 1 个
10	工具包	含全套电工工具、万用表	每 3 名队员 1 套
11	护套线	BVVB-2×1.5、BVVB-3×2.5	每顶帐篷各 20m
12	橡皮软绝缘线	铜芯 BX-3×2.5	每顶帐篷 10m
13	双绞线	RVS2×0.75	每顶帐篷 10m

续表

序号	装备名称	规格型号、功能要求	备注
14	塑料扎带	5 mm×200mm、6mm×400mm	每 5 顶帐篷各 1 包
15	人字梯	2m	每 3 名队员 1 把
16	杉木杆	4m	每顶帐篷 1 根
17	铁锹、锹锄		每 3 名队员 1 把

表 5-2　　　　　　　　应 急 供 电 主 要 装 备

序号	装备名称	功能要求	备注
1	应急发电车	车载式，发电功率不小于 240kW	需要应急供电场所
2	UPS 电源车	车载式，容量不小于 200kVA	需要应急供电场所

（三）现场勘查

1. 接受指令

应急救援基干队伍到达事故现场，队伍现场负责人迅速与现场应急救援指挥部相关负责人对接，汇报队伍基本信息和人员抵达情况，听取现场应急救援指挥部的意见，接受现场应急救援指挥部任务指令。

2. 现场踏勘

为保证现场救援安全有序，对可能划定的应急照明保电区域，进行全面踏勘、风险辨识、设置警戒、围栏，做好应急照明保电各项安全措施等。

3. 前期处置

根据救援现场的实际情况，按照现场应急救援指挥部的统一部署，明确详细应急照明保电方案，并把勘查信息及施救准备、安全措施等情况及时上报 ECS 系统，确保信息共享。

（四）具体应对

根据事故救援搜救范围、搜救点是否具备交通通行条件，申请调用相应数量的泛光灯塔、应急照明车、应急发电车、照明灯具，结合单兵照明灯、车载照明灯为搜救工作提供照明条件。

1. 应急电源保障

应急救援基干队伍做好现场的供电保障工作，特别是涉事区域的供电线路上级变电站及线路巡视保电工作，以及协助做好涉事单位配电室配电设备的保电工作。根据事故影响范围，确保事故单位用于事故救援的保安负荷供电正常。根据搜救范围、是否具备交通通行条件，确认保电区域，确定应急供电接入方式、车辆停放地点、电缆敷设路径、接入点、各重要负荷开关位置等，确认作业点的安全条件和危险点，并做好必要的防范、警示措施。绘制现场保电区域系统图；建立现场主要设备明细表；绘制现场保电接线示意图。高压发电车接入用户供电网络示意图见图 5-1。

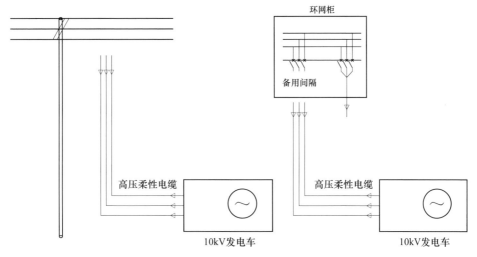

图 5-1 高压发电车接入用户供电网络示意图

2. 应急照明保障

风险预控人员首先对各照明点进行风险排查，设置安全警戒围栏。对照明装备设置点进行检查，确认地面平整，有足够的强度承载设备重量，防止发生陷车或设备展开后发生倾斜、倾倒风险。

搜救点需增设临时营帐作为指挥和临时医疗地点，需要供电照明时，应急救援基干队伍可根据供电、照明负荷需求申请调用发电机、发电车（电源车），通过营帐照明灯布线及调试实现供电照明。本方法适用于可间断照明搜救现场。

照明操作人员将照明装备布置到指定位置后，展开设备、敷设电源线、设置接地线。启动发电机组（接通电源），升起照明灯组，打开照明灯具，调整灯具角度确保最佳照明效果。在照明设备运行过程中，照明操作人员应监视装备运行状态，定期查看发电机油压、转速、水温、输出电源电压和电流，防止意外发生使机组损坏，每个照明点最少需要两个人开展工作。事故救援临时照明见图5-2。

图5-2 事故救援临时照明

根据政府现场应急救援指挥部要求，需要对现场应急救援指挥部临时供电和照明进行保障工作，确保现场应急救援指挥部开展现场救援协调指挥工作。

在政府现场救援指挥部下达救援结束指令后，应急救援基干队伍开始整理救援装备，所有人员、车辆、装备安全有序地撤离，并由现场负责人通过ECS系统向应急指挥部反馈处置情况。

（五）注意事项

搜救点照明应充分考虑可能发生次生灾害的情况，切实做好人身安全和设备安全各种防范措施。保电期间必须每天排查抢险设备及电气设备运行状况，根据排查情况及时消缺，特别关注现场用电负荷特性及抢险保电需求。

1. 人身安全方面

开展应急照明的应急救援基干队员应穿戴好个人劳动防护用品，携带个人工器具，在搭建应急照明时，需时刻关注次生灾害，并考虑次生灾害带来的影响。

2. 设备安全方面

（1）需选择搜救点处的可靠平坦地面作为照明车辆、灯塔等大中型照明装备工作点。

（2）在设置照明点时，必须清理周边危险物品。不得在易燃易爆品附近设置照明点，防止因操作不当引爆易燃易爆品。

（3）在设置照明点时，上方严禁有高压线路或者树枝等遮蔽物，防止在灯杆升降过程中触电、引燃树枝。

（4）各照明车辆及照明设备在工作过程中必须严格做好接地，埋深必须达到要求。

（5）操作人员装备操作过程中，需要密切关注装备使用的油料及各种参数情况，密切关注风力动向，若风力超过六级时，及时下降灯杆，进行照明设备的调整。

（六）体会

1. 队伍出动方面

社会类事故社会影响较大，救援工作分秒必争。应急救援基干队伍无法成建制出动时，应分梯队赶赴现场，优先携带轻量化、便携的救援装备开展工作。事故搜救夜间照明通常要求连夜开展，救援任务持续时间长，要求应急队员要有较强的身体素质和技术能力。

2. 救援装备方面

部分事故可能发生在偏远的郊区或者山区，道路通行条件差，需要有山地运输功能的车辆以运送装备物资和人员。

3. 环境设施方面

现场大型照明设备、发电设备等，要安装平稳、固定牢靠，应设置安全警示范围、悬挂警示标志并派人看守，现场配置干粉灭火器，以应对发电或照明设备引发的电气火灾。

4. 协调联动方面

加强与政府现场救援指挥部联络，及时了解上级指挥机构相关要求，发挥供电企业基础保障作用。通过指挥部做好发电机连续工作燃油供需，保障应急照明装备持续工作。

六 输电线路高空施救

（一）概述

我国输电线路呈现区域跨度广、对地距离高、路径通道复杂、气象环境多变等特点。在线路基建施工、运行检修等业务中存在大量高处作业，发生高空坠落的风险较大，可能出现人员因坠落悬挂在导线、铁塔或其他构件上的情况。其中，较为典型的是电力工人在导线上开展附件安装等作业过程中，可能因身体状况、作业环境、导线扭转等突发情况发生坠落，在后备保护绳的保护下悬吊在空中。这种情况容易造成悬吊恐惧、冲击受伤、高寒失温等，更为严重的是人员长时间悬吊在空中容易引发悬吊创伤，施救不规范还会导致反流综合征。由于输电线路大多位于野外偏远地区，受地形、微气象、线路带电、导线弹性、道路交通等因素限制，救援难度极大。输电线路人员悬吊受困情况如图 6-1 所示。

图 6-1 输电线路人员悬吊受困情况

（二）组织体系和出动流程

应急救援基干队伍负责人接到上级应急救援领导小组指令，应急救援基干队伍负责人迅速确定救援现场负责人，立即启用输电线路高空救援施救方案。根据任务分工开展以下工作。

1. 信息收集

（1）环境信息：现场地形、地势、天气、温度、风速、交通、通信等情况。

（2）伤员信息：人员挂点、高度、时长、姿态、是否受伤及先期处置等情况。

（3）电网信息：电网是否带电、杆塔档距落差、导线弧垂，附近有无带电线路，线路建设情况。

2. 物资准备

根据输电线路高空施救规范，应配置下列应急救援装备并做好装备、器材的检查和维护工作。主要应急物资装备见表6-1。

表6-1　　　　　　　主要应急物资装备

序号	装备名称	功能要求	备注
1	动力绳	直径10.5mm	
2	静力绳	直径10.5mm	
3	牵引绳	具备牵引功能的轻质细绳	
4	自动升降机	便携式高功率电动升降装置	
5	无人机	具备抛投功能	
6	抛投器	陆用高功率抛投器	
7	担架	硬质担架	
8	滑轮	导线滑轮	
9	提拉套组	提升省力系统	
10	对讲机	具备大功率无线对讲功能	
11	扁带	具备防滑功能	
12	三角吊带	救援用肩带式三角吊带	

序号	装备名称	功能要求	备注
13	个人救援装备	整套施救常用个人装备	
14	急救箱	各类急救药品及简易急救用具	

注 各类装备数量、规格根据现场需求配置。

3. 人员配置

应急救援现场负责人集结一支不少于 10 名队员组成的应急救援基干队伍，组建四个施救小组：① 无人机操控组不少于 2 人；② 抛投组不少于 2 人；③ 登塔施救组不少于 2 人；④ 地面施救组不少于 4 人。

（三）现场勘查

1. 接受指令

应急救援基干队伍到达救援现场，队伍现场负责人迅速与现场应急救援指挥部相关负责人对接，汇报队伍基本信息和人员抵达情况，听取现场应急救援指挥部的意见，接受现场应急救援指挥部指令。

2. 现场踏勘

为保证现场救援安全有序，对可能划定的施救区域，进行全面踏勘，风险辨识，设置警戒、围栏，开展施救作业各项安全措施等。现场踏勘如图 6-2 所示。

图 6-2 现场踏勘

3. 前期处置

根据救援现场的实际情况，按照现场应急救援指挥部的统一部署，明确详细可靠的施救方案，并把勘查信息及施救准备、安全措施等情况及时上报 ECS 系统，确保信息共享。

（四）具体应对

1. 救援准备

应急救援基干队伍抵达现场，在应急救援基干队伍现场负责人的统一指挥下按照任务分工，根据救援方案迅速划定飞行操作区、远距离救援抛投区、登塔救援人员工作区以及地面施救人员工作区，设置安全围栏和警示标识，隔离、疏散无关人员。各区域根据任务分工，检查、组装和穿戴救援装备，调试对讲机，确保通信畅通，全面做好救援前的各项准备工作。

2. 快速建立保护站

应急救援基干队伍在最短时间内靠近被困人员建立保护站。条件允许情况下，首选采用操控无人机或发射抛投器等新型装备飞越导线上方，然后在被困人员处释放牵引绳建立保护站。利用无人机或抛投器释放牵引绳如图 6-3 所示。

图 6-3 利用无人机或抛投器释放牵引绳

在无人机或抛投器无法使用的情况下，施救人员迅速登塔（见图 6-4）、走线靠近被困人员完成保护站的搭建工作。为提高施救安全性，可以在被困人员两侧搭建两条救援通道。

若导线发生扭转，无人机或抛投器无法使用的情况下，施救人员可利用带有牵引功能的滑轮靠近被困人员，滑至导线扭转段，应用绳索高空位移技术靠近被困人员完成保护站的搭建任务。

3. 安全施救

方案一：垂直下放（通常情况）。

施救人员利用救援通道，首先使用自动升降装置靠近被困人员（条件不允许时采用传统绳索上升技术），就位后安抚被

图6-4　登塔

困人员、稳定被困人员情绪，调整被困人员体位，对被困人员大腿进行适度按摩。

施救人员为被困人员穿戴肩带式三角吊带，保持伤者上体相对直立状态，并与其可靠连接。受力后，解开后背保护，操作自动升降装置（条件不允许时采用传统的陪伴释放技术）匀速释放至地面，保持身体"W"坐姿持续 30min。地面救援人员协助医护人员将被困人员转运就医。救援工作结束后，及时清理装备，并向应急指挥部报告。垂直下放施救如图 6-5 所示。

图6-5　垂直下放施救

方案二：原地无法垂直下放（特殊情况）。

施救环境不满足原地垂直下放条件且导线未发生扭转情况下，施救人员通过走线接近被困人员，通过导线滑轮横渡系统，将被困人员牵引，转移至塔身，再使用垂直下放方式向下释放。档距落差较大情况可由高塔侧接近，牵引至低塔侧释放，水平状态两侧均可。导线滑轮横渡救援如图6-6所示。

图6-6　导线滑轮横渡救援

导线发生扭转的情况下，则需高空、地面救援人员协同搭建斜拉绳桥，将被困人员解救脱困后通过绳桥陪同下降至地面，如图6-7所示。

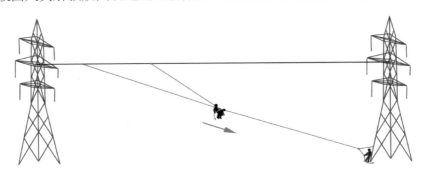

图6-7　斜拉绳桥带人下降救援

（五）注意事项

（1）高空坠落是输电线路高空施救的主要危险点，需要做好防高坠措施。所有高空施救装备平时应做好维护保养、定期检测，出发前必须检查，到现场再次检查确认合格有效。

（2）正确佩戴安全防护用品，开展登塔、走线、高空位移、绳索升降、人员施救等高空作业过程中全程不得失去保护，施救过程始终保持"两点"

保护，安全带及其他后备保护装备必须遵循高挂低用的原则。

（3）保护站的建设是高空救援安全的关键所在，必须牢固，除了需要遵循保护站建设的原则外，还要考虑导线施救的环境特殊性，在档距落差较大、导线倾斜度高的情况下需要考虑增加扁带与导线的摩擦力，做到牢固固定。选择稳固可靠的锚点作为保护站的基础，扁带缠绕以至于无法在导线上滑动。

（4）高空施救严防二次伤害。高空转移被困人员不得野蛮施救，剪断被困人员后备保护绳，避免发生剧烈冲坠；人员下放施救过程中应匀速下放至地面，避免冲坠；陪伴释放保持正确体位，避免发生勒、锁、扣、碰撞、挤压伤者。

（5）伤者下放至地面应控制下降设备，两名施救人员相互协作，避免伤者在空中及回到地面呈平躺状态，落地时利用绳索、支撑物件使伤者保持"W"坐姿至少30min，避免发生反流综合征。

（6）野外施救作业，穿戴好安全防护用品，做好自身防护，注意防止蛇、虫叮咬，以及由陷阱、夹具等产生的次生伤害。

（六）体会

1. 人员素质方面

输电线路高空施救专业性极强且团队协同配合要求高，应急救援队员首先需要有强悍的身体素质、专业技术技能和团队协作能力，因此需要进一步加强应急救援人员的身体素质训练、专业技能培训以及开展实战演练强化团队配合训练。

2. 技术装备方面

输电线路高空施救关乎人员生命安全，救援讲究快速、规范、安全，做到分秒必争。科学施救需要依靠先进的技术和装备，后续还需要进一步进行新技术研究，开展新装备研发，让救援更加科学、高效。

3. 协调联动方面

加强与当地政府部门、医疗急救部门、综合性消防救援队伍合作，开展协调联动。

七 配电网杆塔高空施救

（一）概述

随着电网建设投资加大，配电网线路工作也随之增加，在电力建设施工过程中，存在大量杆塔架设、线路架设、线路检修、线路改造等高处作业和临边作业工作，高处作业就有发生高处坠落的可能。安全带是高处作业的必备安全劳保用品之一，安全带防止人员坠落至地面，但并不能保证作业人员不受伤害。发生悬挂后可能出现悬吊创伤和反流综合征。人员被困现场如图7-1所示。

图7-1 人员被困现场

（二）组织体系和出动流程

应急救援基干队伍负责人接到上级应急救援领导小组指令，应急救援基干队伍负责人迅速确定救援现场负责人，立即启用配电网杆塔高空救援施救方案。根据任务分工开展以下工作。

1. 信息收集

信息收集包括杆塔受困人员是否有意识、距离地面高度、悬挂姿态、悬挂时长、安全带种类；电网是否带电、附近有无带电线路，线路接地情况；周边有无障碍物（如横担、导线等）、气候情况、杆塔周边环境、交通情况等。

2. 物资准备

根据配电线路杆塔高空施救规范，应配置下列应急救援装备并做好装备、器材的检查和维护工作。主要应急物资装备见表7-1。

表7-1 主 要 应 急 物 资 装 备

序号	装备名称	单位	数量	备注
1	救援安全带	条	4	每人配置1条
2	救援绳	根	1	下方释放：≥3倍保护点高度；上方释放：≥1.2倍保护点高度
3	牵引绳	根	1	≥1.5倍保护点高度
4	扁带1.2m	根	8	每人配置2根
5	护绳套	根	4	可能发生棱边摩擦时选用
6	主锁	把	10	下方释放方案必备
7	单滑轮	个	1	下方释放方案选用
8	机械抓结	个	2	下方释放方案使用
9	ID下降保护器	个	2	下方释放方案选用
10	脚扣（踏板）	副	3	登高救援人员使用
11	验电棒	个	1	救援前验电
12	接地线	组	2	现场无接地措施选用
13	救援三角带	个	1	伤者无背部挂点选用
14	组合式杆塔救援装置	根	1	上方释放选用
15	防坠器	个	1	上方释放选用
16	割绳刀	把	1	必备
17	救援手套	双	4	长距离释放必备
18	医疗应急救援箱	个	1	必备
19	令克棒	根	1	需要断电时选用

3. 人员配置

杆塔高空施救工作由应急救援基干队伍现场负责人指挥，救援小组应不少于 4 名救援队员。

（三）现场勘查

1. 接受指令

应急救援基干队伍到达救援现场，队伍现场负责人迅速与现场应急救援指挥部相关负责人对接，汇报队伍基本信息和人员抵达情况，听取现场应急救援指挥部的意见，接受现场应急救援指挥部指令。

2. 现场踏勘

为保证现场救援安全有序，对可能划定的施救区域，进行全面踏勘，风险辨识，设置警戒、围栏，开展施救作业各项安全措施等。

3. 前期处置

根据救援现场的实际情况，按照现场应急救援指挥部的统一部署，明确详细可靠的施救方案，并把勘查信息及施救准备、安全措施等情况及时上报 ECS 系统，确保信息共享。

（四）具体应对

应急救援基干队伍现场负责人组织人员对出事地点的范围进行现场保护及安排人员作警戒。特殊环境下的杆塔悬挂救援的实施一般采用绳索杆塔救援，特殊环境一般指登高梯高度不足，登高救援车无法抵达，或所需时间较长，比如山区、田坎等地。如事故现场环境或设备可以进行及时救援可不采用，如跌落高度离地不高，采用登高梯救助，或者登高车能及时抵达现场可用登高车救助。但在进行救助过程中应保证自身安全。

绳索杆塔救援可分为下方释放救援和上方释放救援。

1. 下方释放救援

由一名救援人员携带 1 根救援绳、1 根牵引绳、保护站建立所需装备和滑轮进行登塔，在伤者上方适宜位置建立保护站，保护站连接滑轮，救援绳穿过滑轮，连接伤者，牵引绳连接伤者。装备就绪后，下方救援人员收紧救援绳，当伤者的悬挂绳卸力后，解开悬挂绳连接点，然后由下方人员进行救援绳的释放，同时牵引绳需要被实时掌控，避免释放下降过程中的碰撞，直至降至地面。如若跌落点环境复杂，救援难度大，救援区域广，应由多名救援人员进行登高救援。

　　救援过程中的细节及主要事项：

　　（1）救援人员登塔。救援人员需使用脚扣进行登塔，登塔时可能会跨越伤者，如遇此情形，应从杆塔的另一面登高，尽量避免与伤者的大面积身体接触，以免增加伤者负担。

　　（2）建立保护站。保护站的建立可以将锚点设置在结实牢靠的物体上，如横担、抱箍，不可建立在绝缘子等不牢靠的金具上；也可以使用长扁带直接缠绕在杆体上，用锁具将滑轮与锚点连接，但要注意，滑轮与伤者之间的距离应有足够的操作空间，便于救援的操作及预留伤者负荷转换时的提拉空间。如不进行伤者负荷的转换（将悬挂绳的力转换至救援绳上），直接割断悬挂绳时会造成冲坠，可能造成二次伤害。除了建立伤者用的保护站外，根据环境的情况还可以建立一个救援人员使用的保护站。

　　（3）伤者的连接。救援绳穿过救援滑轮，注意救援绳的绳头端在内侧，尾绳端在外侧，否则会出现绳索的缠绕，救援者将救援绳绳头使用 8 字结连接锁具，并与受困者保护点连接。伤者的安全带可能有背部挂点，此种情况将救援绳与背部挂点连接。若无背部挂点需要使用救援三角带与伤者连接，此时由于保护站与伤者之间有一定的距离，可能需要救援人员往下移动，而在救援过程中的移动存在风险过大，因此可以建立一个救援人员使用的保护站，用一根 3m 长的短绳与救援人员连接，可使用 ID、上升器等救援工具完成上升、下降及救援工作。

　　（4）救援绳连接好后，将牵引绳与伤者连接，连接点尽量是救援绳的连接点，避免不同方向的力造成对伤者的拉扯。救援绳与牵引绳不可发生缠绕。牵引绳与救援绳在垂直面尽量重合，避免保护点的扭矩太大。

　　（5）下方一名救援人员建立下方保护站，用锁扣与 ID 连接，利用 1/4 提拉系统做好提拉准备。如果人员较多可不建立保护站和提拉系统，采用一名救援人员与 ID 连接，救援绳连接到 ID 上，其余人员压在救援人员的安全带腰带上,让其保持牢固,进行提拉时依靠众人的拉力进行。

(6)上下方同时确认连接好后,下方人员进行提拉,卸掉原有保护的力(若紧急,或原有保护缠绕,可直接选择割绳),让被困人员受力在救援绳上,下方缓慢释放,牵引人员拉紧牵引绳,远离障碍物,直至地面,待"W"人形 30min 后,再进行医疗处置,若被困人员有其他伤情则应立即进行紧急处理。

2. 上方释放救援

上方救援时,救援人员需要携带组合式杆塔救援装置、割绳刀、救援绳登高救援,携带组合式杆塔救援装置由主锁、扁带和 8 字环组成,上方救援系统无自动保护功能,在伤者进行受力转换时会有冲坠,要求救援人员的自身稳定,要有充分的心理准备,绳尾必须抓紧,为避免滑脱可在系统中加装止坠器或者 ID,防止人员跌落。杆塔上方释放救援如图 7-2 所示。

图 7-2　杆塔上方释放救援

救援过程中的细节及主要事项:

(1)救援人员携带组合式杆塔救援装置快速攀登至被救人员坠落处对侧。系好自身安全带完成自身安全措施确认,方才开始施救。绑好横向固定带。施救人员将横向固定带挂接在安全区域,并使横向固定带的挂钩高于被救人员安全带悬挂受力点,如图 7-3 所示。

(2)将组合式杆塔救援装置横向固定,系好缓降绳。缓降绳按照特定的方向套入向固定带一端的 8 字环内,如图 7-4 所示。

图 7-3　登高及固定横向固定带

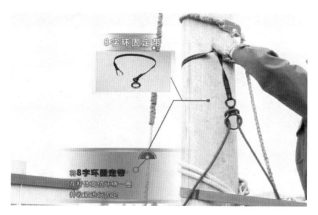

图 7-4　组合式杆塔救援装置的安装

（3）缓降绳一端扣入触电人员后背脊椎的安全带承力点，调整缓降绳长度，使 8 字环受力，使绳索绷紧，如图 7-5 所示。

图 7-5　8 字环的连接

（4）将缓降绳经肘部折返绕紧后单手紧握，手肘夹紧身体肋部（见图7-6），以应对割断安全带时带来的冲击。

图7-6 缓降绳的固定

（5）清除被救人员其他悬挂措施。救援人员解开被救人员的一次安全带挂环，在确认稳定后，使用电工刀割断被救人员的二次安全绳，在受力状态下二次安全绳非常脆弱易割断，如图7-7所示。

图7-7 被救人员载荷转换

（6）受力转换后进行上方释放，缓慢匀速将伤者下降至地面，避免二次伤害，如图7-8所示。

（7）待"W"人形30min后，再进行医疗处置。若被困人员有其他伤情则应立即进行紧急处理。

图 7-8　伤者释放至地面

3. 现场紧急救助

（1）首先观察伤者的受伤情况、部位、伤害性质。如遇呼吸、心跳停止者，应立即进行心肺复苏急救，安全带切勿松开，避免返流综合征。

（2）遇有创伤性出血的伤者，应迅速包扎止血，并注意保暖。

（3）发现伤者手足骨折，应在骨折部位进行骨折固定处理。

（五）注意事项

配电线路杆塔救援涉及高处作业、触电等风险，应切实做好人身安全和设备安全各种防范措施。

1. 人身安全方面

救援人员须熟记高空实施救援的原则，登杆前必须自己做好防坠落的保护工作。当发生坠落时，会产生额外的荷载，如碰撞、绞勒、冲击和悬挂等情况，可能会危及救援人员或伤者的安全。因此要做好现场环境的评估、装备的检查、救援方案的选择。

（1）坠落冲击力或坠落冲击。指人体在坠落的状况发生时，停止的过程（非撞击地面或其他对象）下坠能量传到人体以及固定点的量能。过大的下坠冲击将导致人体损伤、固定点破坏，或装备器材、绳索的损坏。

（2）净空距离不足。发生坠落时，人员下方足以防止撞击保障所需最小距离，如图 7-9 所示。

图 7-9　净空距离

（3）失控摆荡。撞击附近结构及障碍物，如图 7-10 所示。

（4）坠落姿势。坠落姿势会影响救援方式及悬吊时间，导致长期悬吊或引发悬吊性创伤，如图 7-11 所示。

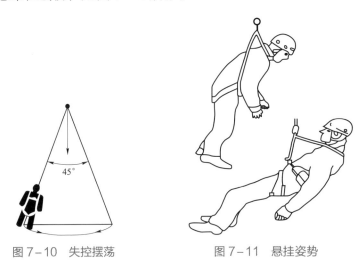

图 7-10　失控摆荡　　　　图 7-11　悬挂姿势

2. 设备安全方面

（1）救援安全带的使用。安全带在进行穿戴时注意肩带、腰带、腿带不应有扭带现象，各部位松紧应适宜，一手掌插入不进腰带，肩带可插入一拳距，腿带可插入一掌为宜。腰带穿戴位置应在跨步位置，切勿把腰带扎在肋骨位置，避免冲坠时伤害肋骨及肺部。如安全带有背部挂点，背部挂点应在肩胛骨顶正中位置。各调节带扣应牢固，调节带尾部进行束缚，避免发生缠绕。

（2）头盔的穿戴。头盔应与眉齐平，下颊带不应有扭带现象，调节帽箍，松紧以左右晃动头部不发生移动为宜。

（3）绳索安全。救援绳应使用无破损、无鼓包、不发硬的绳索，在进行使用时应注意绳索的管理，避免发生缠绕。

（4）锁具安全。保护站的锁扣，连接自身和伤者的保护锁扣必须将锁口上锁，锁具应纵向受力，不可开口受力及剪切受力。

（5）制动与释放。制动装置在绳索安装时要注意安装方向，不可安装错误，在进行释放时尾绳应时刻在手，释放速度应缓慢匀速，时刻关注下方情况，与下方接应人员保持沟通。

（6）其他注意事项。所有金属器械应轻拿轻放，不可抛投，高处补充装备应采用吊装传送。编织类装备不可踩踏，使用后进行保养维护。

（六）体会

1. 人员素质方面

在进行伤者救助时，时间就是生命，在进行救援过程中应能够做到技术娴熟，思路清晰，尽可能在短时间内安全地将伤者解救下来，因此应急队员需要有较强的身体素质、心理素质和技术能力。日常训练中需熟练掌握如下技能：

（1）常用绳结。

1）八字结。8字结正确地系紧后，会很结实。优点是容易检查，适于初学者使用。

2）蝴蝶结。绳中间结可快速隔离破损绳索、用于保护站架设。优点是容易打结、可三向受力、快速调节。

3）兔儿结。固定点使用、两个绳圈可同时平衡受力。优点是多点固定、平衡受力、受力后容易打开。

4）桶结。固定连接器械、防止器械在绳索中摆荡。优点是锁定稳固。

（2）保护站建立方法。保护站的原则基于保护点是否牢固可靠。在杆塔上可利用横担、抱箍等金具，或者杆塔本身作为锚点，利用扁带缠绕，用锁扣进行连接，这里需要注意一点，若保护体是工字梁或有棱角、易磨损扁带的情况下，需要用护绳套将扁带进行包裹后，再进行对保护体的缠绕。保护站的建立如图 7-12 所示。

图 7-12　保护站的建立

2. 救援装备方面

救援过程中的装备的可靠性是顺利完成救援的基础，救援装备应选用合格的救援装备，根据现场环境、人员数量、救援方案的不同选择合理的救援设备及数量。

3. 环境设施方面

救援现场线路应停电，并检查相应的安全措施是否到位，救援环境应该安全，清理救援场地，建立救援通道。应该安排人员进行现场秩序的维护，禁止无关人员的干扰。

4. 协调联动方面

救援人员之间应该有良好、便携的通信设备收发救援指令。救援过程中如有困难及时进行协调和调整救援方案。

八 有限空间应急救援

（一）概述

随着我国超、特高压建设持续推进，电缆隧道、电缆沟、电缆工井、电缆夹层、深基坑等有限空间向大面积、大深度发展，并逐渐扩大了城市的"地下大动脉"。由于有限空间体积较小，一些有毒有害和易燃气体极易聚集；同时，有限空间还处于半封闭状态，人员进出困难且与外界联系不便，因此存在一定的危险性。

近年来，有限空间作业事故多发频发，经常因施救不当或盲目施救导致伤亡事故扩大。为做好有限空间作业事故应急准备工作，提升有限空间作业事故安全施救能力，保障救援人员安全与健康，本案例针对性分析了有限空间作业事故导致人员被困而采取的应急救援行动。电缆隧道、深基坑救援如图8-1所示。

图8-1 电缆隧道、深基坑救援

（二）组织体系和出动流程

应急救援基干队伍负责人接到上级应急救援领导小组指令，应急救援基干队伍负责人迅速确定救援现场负责人，立即启用有限空间救援方案。根据任务分工开展以下工作：

1. 信息收集

（1）有限空间信息：有限空间的类型、结构、布局、开口部位及尺寸、深度和周围土体情况；是否存在有毒有害气体、垮塌危险等危险源。

（2）被困人员情况：年龄、性别、身体状况、被困时间和原因，以及被困人员所处位置和状态等。

（3）交通气象信息：有限空间地址和定位信息，地图导航路径，当地气温、风力、降水情况及趋势等。

2. 物资准备

根据有限空间救援施救规范，应配置下列应急救援装备，并做好装备、器材的检查和维护工作。主要应急物资装备见表8-1。

表8-1　　　　　　　　　主要应急物资装备

序号	装备名称	功能要求
1	救援三脚架	工作负荷≥200kg，钢缆≥30m，阻断力≥22kN
2	通风设备	通风口径≥8寸，风管长度≥5m
3	多功能气体检测仪	能够检测硫化氢、一氧化碳等有毒有害气体及含量
4	长管空气呼吸器	带有电子报警器，气瓶容量≥6L
5	安全带	带有后背悬挂系统，通体使用合金承重环，多重加固缝线，高强度涤纶材质
6	三角救援带	高强承重，承重≥100kg；带有成人、儿童连接挂点
7	发电机及接地线	功率2kW以上，单相
8	滑轮	拉力≥25kN，承重≥2000kg
9	速差自锁止坠器	长度≥10m，工作负荷≥180kg，O形钢扣拉力≥25kN，扁钩拉力≥22kN
10	绳索	适配滑轮口径，拉力≥10kN
11	枕木或枕板	枕木尺寸≥10cm×10cm×200cm，枕板尺寸≥40cm×40cm×5cm

续表

序号	装备名称	功能要求
12	对讲机	通信距离≥10km
13	锁扣	高强度合金材质，承重≥1000kg
14	手电筒	照明功率≥30W，照射距离≥8m
15	头灯	照明功率≥3W，连续工作时长≥6h
16	大型照明灯及接地线	照明功率≥300W，连续工作时长≥6h
17	照明无人机	照明功率≥300W，升高高度≥20m
18	铁锹	
19	安全插杆及警示带	插杆高度≥1050mm，红色警示隔离带
20	防护服	耐酸耐碱
21	安全帽	救援安全帽
22	正压式呼吸器	6.8L隔绝式正压式空气呼吸器
23	防毒面具	满足常规功能要求
24	卷式担架	满足常规功能要求

3. 人员配置

应急救援现场负责人迅速集结一支不少于 12 人的救援队伍，组建五个施救小组：① 通风组不少于 2 人；② 检测组不少于 2 人；③ 平台搭建组不少于 2 人；④ 实施救援组不少于 4 人；⑤ 医疗保障组不少于 2 人。

（三）现场勘查

1. 接受指令

应急救援基干队伍到达救援现场，队伍现场负责人迅速与现场应急救援指挥部相关负责人对接，汇报队伍基本信息和人员抵达情况，听取现场应急救援指挥部的意见，接受现场应急救援指挥部指令。

2. 现场踏勘

为保证现场救援安全有序，对可能划定的施救区域，进行全面踏勘，风险辨识，设置警戒、围栏，开展作业安全措施等。

3. 前期处置

根据救援现场的实际情况，按照现场应急救援指挥部的统一部署，明确详细可靠的施救方案，并把勘查信息及施救准备、安全措施等情况及时上报 ECS 系统，确保信息共享。

（四）具体应对

1. 救援准备

（1）接到上级应急救援指令，根据已收到的有限空间现场周边环境、道路等相关信息后，快速集结一支应急救援基干队伍，利用机动性能强的特种车辆，携带多功能救援设施设备、个人防护装备等立即赶赴救援现场。

（2）应急救援基干队伍现场负责人在接受现场应急救援指挥部指令后，迅速制定应急救援方案，并及时与施工单位技术人员联系，根据询问和查看有限空间周围情况，划定隔离区、装备区、施救区等，设置安全围栏和警示标识。

（3）根据救援现场的地面宽度、平整度等，确定应急照明设备、大型通风设备的摆放位置，设置安全警戒围栏。

2. 装备检查

（1）按规范要求检查和穿戴个人安全装备。安全带、安全头盔、救援服、救援手套、救援鞋穿戴规范，对讲机联通正常，便携式气体检测仪佩戴规范，安全装备穿戴齐全。

（2）按规范要求检查泵吸式气体检测仪、通风设施设备。气体检测仪器应进行开机自检、电量和报警等检查；通风设备重点对风管、叶片、电线插头部位进行检查，并事前做好风机测试工作。

（3）按规范要求检查照明设施设备。现场环境应符合灯塔作业要求，应急灯塔外观及附件良好，燃油、机油、液压油充足，接地装置可靠，环境条件及设施符合照明设备运行要求。

3. 检测与通风

（1）初始气体检测。根据救援方案，在施救区域内的上风侧打开井盖或遮挡物，并在上风侧进行初始气体的检测工作。气体检测按照"上、中、下"三个部位分别进行，每个检测部位不少于 30s，并做好检测数据的记录工作。有限空间气体检测如图 8-2 所示。

图 8-2　有限空间气体检测

（2）启用照明设备。按照操作规范正确启动发电机，启动前灯具总开关和 4 个灯具开关应在断开位置，启动后在电压、频率正常后，为通风设备提供临时电源。

（3）强制通风。按规范要求正确连接和使用通风设备，有限空间只有 1 个进出口时，应将通风设备通风口置于施救区域底部进行送风；有限空间有 2 个或 2 个以上进出口、通风口时，应在邻近救援人员处进行送风，远离救援人员处进行排风，出风口应远离有限空间进出口。在通风期间，每隔 10min 进行一次气体检测，且通风时间不少于 20min。

（4）再次气体检测。通风作业完成后，必须再次开展气体监测工作，并做好检测数据的记录。

4. 救援实施

（1）搭建救援三脚架。气体检测合格后，快速在救援井口附近平台架设救援三脚架，绞盘插销、速差自控器等连接牢固，三脚架固定绳连接可靠。搭建完成后，救援三脚架平移至救援井口。救援系统搭建如图 8-3 所示。

（2）检查和穿戴救援装备。按规范要求检查正压式空气呼吸器、隔绝式空气呼吸器、便携式气体检测仪、通信设备及救援担架等；正确选择和佩戴个人防护用品和安全防护设备,安全帽与防爆头灯连接牢固,气体检测仪携带正确,救援装备佩戴齐全。

图 8-3　救援系统搭建

（3）救援方式选择。救援方式应根据被困人员的具体状况采取不同的救援方式。若被困人员因中毒、中暑或受伤等原因导致失去知觉或行动能力,应采取双人救援（担架固定）方式;若被困人员有一定的行动能力且身体状况良好,可采取单人救援（陪伴救援）方式。陪伴救援方式如图 8-4 所示。

图 8-4　陪伴救援方式

（4）规范连接救援装备。严格遵守双绳作业原则,正确使用防坠入和个人保护装备,严禁出现交叉挂锁、绳子缠绕、锁具横向受力、高空落物等情况发生。隔绝式空气呼吸器连接正确,担架固定安全规范,严禁出现因连接不规范导致压迫伤员气管、出现伤员头高脚低等情况发生。

（5）安全释放与提升。按规范要求操作救援三脚架，上升下降匀速平稳，避免出现单人操作救援三脚架、救援三脚架移位、人员冲坠等情况发生。

（6）实时检测与持续通风。在救援过程中，应对有限空间作业面进行实时气体检测，除救援人员自行佩戴的便携式气体检测仪外，监护人员还应在有限空间外面使用泵吸式气体检测仪进行监护检测。同时在整个救援过程中还要持续进行通风，通风排放口应远离作业处。若内含易燃易爆气体或粉尘，应使用防爆型通风设备；若内含有毒有害气体，通风排放口必须采用有效隔离措施。

（7）保持联络。救援人员进入有限空间实施救援行动过程中，按照事先明确的联络信号如绳语、手势、灯光、呼救器、骨传导通信装备等，与外部人员进行有效联络，并保持通信畅通。

（8）撤离危险区域。若出现可能危及救援人员安全的情况，救援人员应立即撤离危险区域，安全条件具备后再进入有限空间内实施救援。

（9）医疗救护。被困人员救出后，立即移至通风良好处。医疗救护人员未到场前，应对被救人员进行伤情检查，具备医疗救护资质或具备急救技能的救援人员，应立即采取正确的院前医疗救护措施，并迅速送医治疗；医疗救护人员到场后，配合做好伤者转移工作。

（五）注意事项

应急救援基干队伍现场负责人在分析突发有限空间环境危害控制情况、应急救援装备配置情况以及现场救援能力等因素的基础上，判断采取何种救援方式，并确保救援人员的人身安全。伤者脱离有限空间后，应迅速转移至安全地方，进行正确、有效的现场救护，以挽救人员生命，减轻伤害，切实做好人身安全和设备安全各种防范措施。

1. 人身安全方面

（1）要严防有毒有害气体中毒、人员高坠、人员窒息等安全风险，必须做好现场勘查，做好全面风险分析。

（2）应事先完成通风、检测，在确认具备进入条件或做好安全防护后方可进入。当有限空间内含有高酸、碱性物质时，应穿着防护服进行救援。

（3）救援过程中要严防坍塌等次生事故发生，未经有毒有害气体检测严禁进入有限空间，要防范爆炸事故。严禁盲目施救，上升和下降过程中，要速度均匀，防止头部磕碰。

2. 设备安全方面

（1）救援三脚架系统搭建要结合有限空间实际情况，选择安全可靠的平台进行搭建。对于土质松软的基坑，救援三脚架应使用枕木或者枕板，提升系统稳定性，以防止洞口土方坍塌导致救援三脚架倾倒情况发生。

（2）救援现场启用的发电机、发电照明灯等发电设备，应正确做好接地，通风设备应连接电缆盘使用，做到一机一闸一保护，防止发生漏电伤人事件。

（3）在缺氧、有毒环境中，应佩戴隔离式防毒面具；在易燃易爆环境中，应使用防爆型低压灯具及不发生火花的工具，不准穿戴化纤织物；在酸碱等腐蚀性环境中，穿戴好防腐蚀护具、耐酸靴、耐酸手套、护目镜等；使用供氧设备时，设备内氧含量必须达到 18%～21%。

（六）体会

1. 人员素质方面

有限空间救援时间紧、技术要求较为全面，应急救援基干队员需具有较强的专业救援知识和技术能力，并具备很强的团队协作能力。

2. 救援装备方面

由于有限空间救援装备种类繁多，在日常工作中要及时更新、保养、检查，尤其对安全带、金属连接点、纺织连接点、调节扣等部位进行细致检查，确保现有装备满足救援使用条件。

九 变电站地震灾害破拆施救

（一）概述

近些年来，我国发生多次 6 级以上地震，导致部分震中变电站建筑垮塌，人员被困；一些输电线路运维人员也因为地震导致的交通、通信中断而失去联系。"黄金 72 小时"是地震灾害发生后的黄金救援期。在此时间段内，受困人员的存活率极高。每多挖一块土，多掘一分地，都可以给伤者透气和生命的机会。所以，当灾害发生后，应第一时间获得灾区的基本情况，以便及时采取救援行动，挽救电力系统员工的生命。本案例分析了某地区发生地震灾害引起某变电站倒塌导致运行人员被困而采取的搜救行动。受灾变电站破拆施救如图 9-1 所示。

图 9-1 受灾变电站破拆施救

（二）组织体系和出动流程

当地震灾害发生后，应急救援基干队伍负责人接到上级应急救援领导小组指令，迅速确定救援现场负责人，立即启用地震救援施救方案。根据任务分工开展以下工作。

1. 信息收集

应急救援基干队伍负责人接到信息后，通过 ECS 系统、电话、在线视频等手段初步了解以下信息。

（1）环境信息：现场地形、地势、天气、温度、风速、交通、通信等情况。

（2）受灾信息：变电站受损情况、建筑物坍塌情况、被掩埋人数等情况。

（3）电网信息：电网是否带电、附近有无带电线路、线路建设情况。

（4）供电信息：现场供电情况，是否提供临时供电等信息。

2. 物资准备

由于变电站所处的位置不同，同时受到现场周边环境及交通的影响，应急救援基干队伍到达现场的方式有所不同，导致所携带的装备也不同，大致分为以下几种常见情况：

（1）变电站处于城区且交通未受影响，大型车辆可以第一时间到达救灾现场，所携带的主要应急装备见表9-1。

表9-1 主要应急装备（城区）

序号	装备名称	功能要求
1	现场指挥方舱	能同时满足 8～12 人进行视频会议
2	大功率发电机/发电车	不小于 100kW 发电机/400kW 以上发电车
3	动中通车	在运动过程中可实时不间断地传递语音、数据、图像等多媒体信息
4	应急照明	车载式，照明功率不小于 16kW
5	无人机	具备三维建模功能
6	顶撑设备套装	具备狭小空间顶升（1～10t）及快速组装能力

续表

序号	装备名称	功能要求
7	破拆设备套装	具备最大 85kN 的扩张力，并能对 20 号的 Q235 钢材进行剪切
8	切割设备	具备对木头、混凝土及 32 号钢筋进行切割的能力
9	吊车	具备 1～5t 的吊装能力
10	绳索救援套装	具备山地及工业救援能力，满足人员垂直升及水平转运
11	个人通信设备	配备卫星电话、4G 对讲机及 VHF/UHF 对讲机

（2）变电站处于山区且交通未受影响，小型车辆可以第一时间到达救灾现场，所携带的主要应急装备见表 9-2。

表 9-2　　　　　　　　　主要应急装备（山区，小型车辆）

序号	装备名称	功能要求
1	大功率发电机	不小于 100kW 发电机
2	动中通车	在运动过程中可实时不间断地传递语音、数据、图像等多媒体信息
3	单兵通信系统	能将现场的实时音视频信息即时回传到通信车中
4	应急照明	车载式，照明功率不小于 16kW
5	无人机	具备三维建模功能
6	顶撑设备套装	具备狭小空间顶升（1～10t）及快速组装能力
7	破拆设备套装	具备最大 85kN 的扩张力，并能对 20 号的 Q235 钢材进行剪切
8	切割设备	具备对木头、混凝土及 32 号钢筋进行切割的能力
9	绳索救援套装	具备山地及工业救援能力，满足人员垂直升及水平转运
10	个人通信设备	配备卫星电话、4G 对讲机及 VHF/UHF 对讲机

（3）变电站处于山区且交通受阻，车辆不能第一时间到达救灾现场，只能采用徒步的方式到达，所携带的主要应急装备见表 9-3。

表 9-3　　　　　　　　　主要应急装备（山区，徒步）

序号	装备名称	功能要求
1	静音发电机	2kW 发电机

续表

序号	装备名称	功能要求
2	单兵通信系统	能将现场的实时音视频信息即时回传到通信车中
3	应急照明	便携充电式，照明功率不少于 500W
4	无人机	具备三维建模功能
5	顶升设备套装	具备狭小空间顶升（2t）及快速组装能力
6	手动剪扩钳	具备最大 65kN 的扩张力，并能对 10 号的 Q235 钢材进行剪切
7	水泥切割锯	具备对混凝土进行切割的能力
8	油锯	具备对木头进行切割的能力
9	绳索救援套装	具备山地及工业救援能力，满足人员垂直提升及水平转运
10	个人通信设备	配备卫星电话、4G 对讲机及 VHF/UHF 对讲机

3. 人员配置

应急救援现场负责人集结一支不少于 12 名队员组成的应急救援基干队伍，组建四个施救小组：① 无人机操控组 2 人；② 搜救组不少于 3 人；③ 破拆组不少于 3 人；④ 被困人员转运组不少于 4 人（搜救组、破拆组可兼任）。

（三）现场勘查

1. 接受指令

应急救援基干队伍到达救援现场，队伍现场负责人迅速与现场应急救援指挥部相关负责人对接，汇报队伍基本信息和人员抵达情况，听取现场应急救援指挥部的意见，接受现场应急救援指挥部指令。

2. 现场踏勘

为保证现场救援安全有序，对可能划定的施救区域进行全面踏勘，对工作现场及周边环境的危险性进行评估，包括被困人员数量、空间与通道分布、倒塌类型及主要破坏部分、二次倒塌风险、施救可能对结构稳定性产生的影响、结构类型及层数，设置警戒、围栏，开展施救作业各项安全措施等。

3. 前期处置

根据救援现场的实际情况，按照现场应急救援指挥部的统一部署，明确详细可靠的施救方案，并把勘查信息及施救准备、安全措施等情况及时上报 ECS 系统，确保信息共享。

（四）具体应对

1. 救援准备

应急救援基干队伍抵达现场，在应急救援基干队伍现场负责人的统一指挥下按照任务分工，制定搜索方案（包括无人机操作区、优先搜索区域、搜索方法、人员编组和任务分工，搜索装备数量和性能要求等）；检查破拆施救装备，设置安全警戒围栏；调试对讲机，确保通信畅通；利用无人机对灾害现场及周边环境进行三维建模，划定安全区域和紧急撤离路线，全面做好救援前的各项准备工作。

2. 现场搜索

开展搜索行动前，应控制工作场地周边声源和振动源，采用人工搜索、仪器搜索等方式结合使用（如具备犬搜索也可结合使用），按照人工、搜救犬和仪器搜索的顺序开展。搜索方法包括以下几种：

（1）人工搜索。采用敲击、喊话等方式进行，搜索人员排成一字形、弧形或环形，应多人反复监听确认，对所有在表面或易于接近的被困者进行快速搜索，搜索人员通过感官直接寻找被困人员，可直接救出的立即救出，对需移动瓦砾等破拆工作方可救出的需做好标识。

（2）搜救犬搜索。应采用多条犬进行搜索确认，宜按对整个工作场地进行快速搜索、确定重点目标位置，再次确认的顺序进行。

（3）仪器搜索。应根据工作场地环境采用声波/振动、光学、热成像、电磁波等探测仪器。当搜索人员确认伤者位置后应立即报告指挥员，并向营救人员说明伤者相关信息，同时将搜索信息上报 ECS 系统，与队内各组实现信息共享。

3. 现场营救

营救人员应根据搜索信息和评估情况制定营救方案，主要内容包括：

营救通道的建立、营救方法及设备的选择使用、作业编组和任务分工、后勤、通信保障和资源需求、信号规定、进入和紧急撤离路线、医疗救援措施、紧急事件应对措施。在营救行动前，应根据现场情况设置装备存放区和医疗处置区，营救宜按照工作场地的优先等级进行，等级相同的，宜按由易到难的顺序开展营救，也可根据情况适当调整。

营救过程中，安全员应巡查工作场地，检查个人安全防护装备，监视余震、次生灾害和震损建（构）筑物，当发现有危险时应立即用哨子及其他鸣笛发出警报（注：紧急撤离—三声短，每秒一次，重复到场地疏散完毕；停止行动\安静——一声长，持续 3s；重新行动——一声长加一声短）。当伤者移出后，应立即转移至医疗处置区，在经反复搜索并确认所有被困人员已全部营救，再无被困人员后，施救工作结束，各组整理救援装备，并由现场指挥人员通过 ECS 系统向应急指挥部反馈处置情况。

（五）注意事项

变电站地震救援应充分考虑余震、二次坍塌及其他次生灾害风险，切实做好人身安全和设备安全各种防范措施（应考虑现场带电设备防触电措施）。

1. 人身安全方面

地震抢险时一定要先向现场应急救援指挥部和当地工作人员询问工作场地及周边信息，评估工作场地及周边可能存在的危险，营救被倒塌建筑物压埋的伤者时，宜按移除、支撑、顶撑、破拆障碍物的顺序创建营救通道。一切的行动必须听从现场指挥人员的命令，现场指挥人员必须严格按照制定的救援方案进行指挥，当出现紧急情况时必须立即停止营救任务，待紧急情况消除后方可继续开展救援工作。严禁因盲目救援而发生营救人员人身伤亡事件，要做到抢险不冒险，当听到安全员发出的警报时应根据警报类型进行行动。当发出紧急撤离的警报时，现场指挥人员应立即组织人员按照紧急撤离路线进行撤离。

2. 设备操作安全方面

所有的设备应选择安全可靠位置开展工作，在进行设备操作前要密切关注操作人员的精神状态，严禁疲劳作业、冒险作业。破拆作业前应排除作业现场及周边的危险品和危险源，并全程监测；在狭小空间、密闭空间破拆作业，应采取通风、降尘措施，避免使用机动设备；在进行破拆作业时，应防止废墟掉落，避免造成人员伤害。在进行顶撑作业时应根据障碍物的重量选择合适的顶撑装备，顶撑点根据顶撑的位置和顶撑荷载确定，在顶撑过程中应避免障碍物周边构件发生位移，避免造成二次坍塌发生人身伤亡。

（六）体会

地震救援是一项充满危险性、未知性且工作任务复杂繁重的大型综合性救援任务，对人员各方面的素质、装备的使用、专业性知识、协调配合等方面都具有十分高的要求。针对电力系统方面的救援任务，主要有以下几个方面的要求：

1. 人员素质方面

地震救援的黄金时间为 72h，在这个时间内对伤者进行救援会大大提高伤者的生存概率，因此在抢险时间紧、任务重，情况复杂，需要连夜开展抢险工作的情况下，应急队员需要有较强的身体素质和技术能力。

2. 救援装备方面

地震灾害发生后往往会伴随其他的地质次生灾害，会导致道路受损，出现大型车辆及装备无法第一时间到达救援现场的情况，因此就需要在不影响救援能力的情况下，要求救援装备实现小型化、轻量化、方便救援人员携带，在第一时间到达救援现场。

3. 周边环境方面

当需要救援人员徒步进行受灾现场时，人员在徒步过程中存在较大风险，会因余震出现山体滑坡、落石等危险，同时还有因道路受损利用绳索架设临时通道的情况，因此要求救援人员时刻保持警惕，安排专人时刻观察周边环境，如发生危险第一时间进行避险，切实做到救人先救己、抢险不冒险。

4. 协调联动方面

地震救援是一项综合性、专业性十分强的工作，因此要加强与当地政府联系，做好交通、天气、应急通信、燃油等方面的协调，确保救援任务的顺利开展。

十 创 伤 急 救

（一）概述

应急救援基干队伍在参与各项电力应急救援工作中，常常因为救援环境复杂、救援时间长等，导致救援人员不慎受到意外损伤。不同的灾害现场可能面临多种形式的人员损伤，甚至复合型损伤。因此，应急救援基干队员在保证自身及环境安全的前提下，应迅速、就地、准确、坚决的执行现场救护任务，可以有效减少现场伤者二次伤害，并能及时挽救人员生命。本案例分析了应急救援人员在救援过程中受到意外伤害而采取的现场创伤救护任务。

（二）组织体系和出动流程

应急救援基干队伍负责人接到上级应急救援领导小组指令，应急救援基干队伍负责人迅速确定救援现场负责人，立即启用作业现场救援施救方案。根据任务分工开展以下工作：

1. 信息收集

救援场景分类，是否有受伤人员，伤员的数量，创伤的轻重程度、伤员意识状态、现场气候情况、周边环境、交通情况、最近医疗机构情况等。

2. 物资准备

救援现场的创伤急救工作应配备简易急救箱和相应的急救物品（详见表10-1），并由专人负责，定期检查、补充及更换，保证其中的物品在有效期或保质期内使用。

表 10-1   主要应急装备

序号	装备名称	功能要求
1	简易呼吸器	医用简易球囊呼吸器
2	体外除颤仪	自动医用除颤仪
3	医用一次性手套	医用
4	三角巾	医用
5	大敷料	医用
6	纱布	医用
7	弹性绷带	医用
8	大垫布	医用
9	夹板	医用
10	小敷料	医用
11	电插板	多功能插板
12	个人通信设备	配备卫星电话、4G 对讲机及 VHF/UHF 对讲机
13	垃圾桶	医用
14	地布	4m×5m；3m×4m
15	医疗帐篷	3m×4m 框架式；电力应急棉帐篷
16	医疗床、桌、椅	根据救援任务时间长短决定是否使用
17	医疗箱	配备有如酒精纱布等常用药物及工具
18	铲式担架	常用医疗左右分离铲式担架

3. 人员配置

应急救援现场的创伤急救工作由应急救援基干队伍现场负责人指挥，应急救援基干队伍除组建各救援小组外，若是遇到大型抢险救灾行动，最好能配置 1 个医疗救护小组，组员不少于 2 名，其中 1 名最好是专业医务人员，另外 1 名接受过专业急救知识培训并考核合格的救援队员。

（三）现场勘查

1. 接受指令

应急救援基干队伍到达救援现场，队伍现场负责人迅速与现场应急救援指挥部相关负责人对接，汇报队伍基本信息和人员抵达情况，听取现场应急救援指挥部的意见，接受现场应急救援指挥部指令。

2. 现场踏勘

为保证现场救援安全有序，对可能划定的创伤急救区域进行全面踏勘，风险辨识，设置警戒、围栏，开展创伤急救的各项安全措施等。

3. 前期处置

根据救援现场的实际情况，按照现场应急救援指挥部的统一部署，明确详细可靠的施救方案，并把勘查信息及施救准备、安全措施等情况及时上报 ECS 系统，确保信息共享。

（四）具体应对

针对创伤所采用的现场医疗救护措施，目的是挽救伤者生命和稳定伤情，其原则是先抢救、后固定、再搬运，用最短的时间将伤者安全转运到医院救治。应急救援基干队员要掌握基本的紧急救护技术并熟练就地取材徒手操作。创伤急救措施一般分为拣伤者、救援设施设备准备、空间与通道分布以及二次伤害风险评估等。

1. 基本要求

（1）尽快使伤员脱离事故现场，确保自身及环境安全，让伤员安静平躺，迅速检伤，判断全身情况和检查受伤部位及程度。

（2）检伤同时处理危及伤员生命的情况，包括心跳和呼吸骤停、窒息、大出血、休克等。

（3）开放性损伤，应采取有效的方法进行止血，对骨折部位进行妥善固定。

（4）正确搬运和转运伤员，避免继发或加重损伤。

2. 现场检伤

按照 ABCDE 的顺序迅速检查伤员全身情况：

A（airway）气道情况：有无气道堵塞。

B（breathing）呼吸情况：有无呼吸、张力性气胸/连枷胸（根据伤员呼吸困难的严重程度判断）。

C（circulation）循环情况：有无活动出血、血压（根据脉搏的强弱判读）、毛细血管再充盈时间（查看伤员肢端颜色或按压后再次充血的情况）。

D（disability）伤残/神经系统障碍：意识、瞳孔、对光反应、截/偏瘫。

E（exposure/ examine）显露/检查创伤：头、脊柱、胸、腹、骨盆、四肢伤口。

检伤后将伤员按照轻、中、重、死亡四个程度分类，优先抢救重伤员。

3. 现场急救技术

伤者急救如图 10-1 所示。现场急救技术包含心肺复苏技术、止血技术、包扎技术、骨折固定、颅脑损伤急救处理、烧烫伤急救处理、挤压伤急救处理、动物咬伤急救处理、动物咬伤急救处理、中暑急救、溺水急救技术、有害气体中毒急救技术、悬吊创伤的急救技术。

图 10-1　伤者急救

（1）心肺复苏技术。

所有的电力应急救援现场都可能出现心跳呼吸骤停的伤员，一旦救出这类伤员应在安全的前提下立即进行心肺复苏。步骤如下：

1）意识判断：高喊，轻拍双肩，如果一旦判断伤员失去意识，立即呼救并进行心肺复苏。

2）触摸颈动脉是否有搏动（检查时间 5～10s），看病人胸廓起伏判断有无呼吸。

3）胸外按压。

a. 伤者置于平地或硬板上，解开伤员领口和皮带，去除或剪开胸腹部衣物。

b. 站立或跪在伤者一侧胸旁，两肩位于伤者胸骨正上方，两臂伸直，肘关节固定伸直，手掌根相重叠，手指翘起，将下面手的掌根部置胸骨中下 1/3 处，双乳头之间，以髋关节为支点，利用上身的重力，垂直将正常成人胸骨压陷 5～6cm。以至少 100 次/min 的速率进行按压，保证每次按压后胸廓充分回弹，按压间歇避免双手倚靠在伤者胸壁，尽可能减少按压中断并避免过度通气。

c. 配备有自动体外除颤仪（AED）要优先使用。正确开机后按 AED 语音提示要求及步骤操作，可实现自动电击除颤，有助于心跳恢复。

4）开放气道。检查口腔有无异物。如果有明显异物，如呕吐物、脱落的牙齿、分泌物等，可用指套或指缠纱布清除。

用仰头抬颏手法开放气道：一只手放在伤者前额，用手掌将额头用力向后推，另一只手的食指与中指置于颏骨下方，向上抬起下颏（对颈部损伤者不适用），两手协同将头部推向后仰。颈椎骨折伤员开放气道见颈椎骨折急救。

5）人工呼吸。

a. 开放气道后，立即进行 2 次人工呼吸，每次吹气时间 1s 以上，以正常呼吸气量吹气，能够看见胸廓起伏，吹气与呼气时间相等 1:1。

b. 实施人工呼吸需要注意个人防护，可以用呼吸面膜或便携式面罩等，它可以保护施救者不受血液、呕吐物或者传染疾病感染。

c. 如果施救者不能或不愿意进行口对口人工呼吸，可以不做，但必须持续不断地进行胸外按压

d. 人工呼吸时应暂停实施胸外心脏按压。

6）心肺复苏终止指标。

a. 心脏按压 30 次，人工呼吸 2 次为一个循环，每 5 个循环检查伤员情况。如伤员出现以下情况：面色、口唇由苍白、青紫变为红润；恢复可

以探明的脉搏搏动、自主呼吸；瞳孔由大变小、对光反射恢复；肱动脉收缩压≥60mmhg；伤病员眼球能活动，手脚抽动呻吟等，表明复苏成功，可以终止。

b. 其他情况：有其他急救人员接手，运送到医院或急救中心，医生宣布死亡，急救员力竭，现场环境不安全。

（2）止血技术。外伤大出血常见于地震伤、高处坠落伤、异物穿刺伤等，可使伤者迅速陷入休克，甚至致死，是创伤后的危重症之一，现场止血技术是有效止血防止休克、挽救生命，为伤者赢得治疗时间的重要技术。

常用的止血方法有指压法、加压包扎法、填塞法和止血带止血法等。

1）指压止血法。首先通过直接压迫出血部位进行止血，如压迫后仍有出血，可根据动脉的体表投影，用手指压迫伤口近心端的供血动脉阻止动脉血运，达到临时快速止血的目的。

a. 头面部出血：可用食指或拇指压迫同侧耳屏前方浅动脉搏动点止血。

b. 颜面部出血：可用食指或拇指压迫同侧下颌角下缘，下颌角前方3cm颌下动脉处止血。

c. 头颈部出血：用拇指或其他四指触及同侧甲状软骨、环状软骨外侧与胸锁乳突肌前缘之间沟内颈动脉搏动处，向颈椎方向压迫止血（注意非紧急情况勿用此方法）。须注意，不能两侧同时压迫。

d. 肩腋部出血：可用拇指压迫同侧锁骨上窝中部的锁骨下动脉搏动点止血。

e. 前臂出血：可用拇指或其他四指压迫上臂内侧肱二头肌内侧沟处的肱动脉搏动点止血。

f. 手部出血：可用两手拇指分别压迫手腕横纹稍上方内外侧的桡动脉、尺动脉搏动点止血。

g. 大腿以下出血：自救时可屈起大腿，使肌肉放松，用拇指压迫大腿根部腹股沟中点稍下方的股动脉搏动点止血，为增强压力另一手拇指可以重叠压迫，互救时可用手掌压迫，另一手压在其上进行止血。

h. 足部出血：可用两手食指或拇指分别压迫足背中间近脚腕处的足背

动脉和足跟内侧与内踝之间的胫后动脉止血。

2）加压包扎止血法。一般小动脉和静脉损伤出血宜用此法。将无菌或干净敷料覆盖伤口，外加敷料垫，再以绷带加压包扎。包扎后将伤肢抬高，以减少出血。

3）填塞止血法。用于肌肉、骨端的渗血，较深较大的伤口或盲管伤、穿通伤，出血多，组织损伤严重。用无菌或干净敷料（如果现场缺乏，宜用干净的布料替代）填塞在伤口内，再加压包扎。此法止血不彻底，且能增加感染机会。

4）止血带止血法。用止血带在出血部位的近心端，将肢体用力绑扎，以阻断血流从而达到止血的目的。适用于直接压迫止血无法控制出血以致危及生命，以及不能使用直接压迫止血（如多处损伤、不易处理的伤口等）的情况。紧急情况下可用橡皮管、三角巾、宽布带、绷带或毛巾等代替。禁用细绳、电线、铁丝当作止血带使用。上止血带部位：上臂的上 1/3 处（约距腋窝一横掌处）及大腿上中 1/3 处。

操作方法：抬高患肢，使静脉血回流一部分。在上止血带的部位用布巾或纱布衬垫，以减少软组织损害，绑扎止血带。

注意事项：

a. 止血带绑扎不必过紧，以能止住出血为度。

b. 每隔 30～40min 放松止血带 3～5min，使用时间最长不超过 4h。

c. 止血带在放松过程中，如仍有活动性出血，可用手指压迫出血动脉进行临时止血，3～5min 后再在该平面上方或下方绑扎，禁止在同一部位反复绑扎。如已不出血，则停止使用，密切观察。停用止血带时，应缓慢放松，防止血压下降。

d. 止血带上必须注明开始时间、部位、放松时间，并优先转送该类伤员。

（3）包扎技术。包扎技术应用广泛，快速、准确地包扎是创伤救护的重要环节。其目的是保护伤口，减少污染，还有压迫止血，固定骨折、关节，并止痛的作用，有利于转运伤者和进一步治疗。包扎最常用的材料是绷带和三角巾，也可就地取材用干净毛巾、包袱布、手绢、衣服等替代。

绷带包扎方法有环形包扎、螺旋包扎、8 字包扎和帽式包扎等，适用不同部位的创伤包扎。包扎时应松紧适宜、牢固，既要保证敷料固定和压迫止血，又不影响血液循环。包扎敷料应超过伤口边缘 5～10cm。

注意事项：

1）现场不要对伤口进行清创。

2）伤口表面不要涂抹任何药物。

3）密切观察伤者的意识、呼吸、循环体征。

4）包扎的特殊情况：头颅外伤"七窍"出血—不能堵；异物插入伤—不能拔；腹部伤致肠外露—内脏不能还纳。

（4）骨折固定。骨折常见于电力应急救援的各种场景。骨折固定可以防止搬运伤员过程中骨折端对血管、神经和内脏损伤，同时减轻疼痛，便于运送。固定可用夹板或就地取材用木板、木棍、树枝、硬纸板等。肢体骨折时，可用夹板或木棍、竹竿等将断端上下方的两个关节一同固定。若无任何可利用的固定材料，上肢骨折可将患肢固定于胸部，下肢骨折可将患肢与对侧健肢捆绑固定。对开放性骨折，创口用无菌敷料或清洁布类包扎，以减少污染。伤口出血应先止血再固定，伴大出血时，可用止血带止血。若骨折端已戳出伤口，不应将其复位。

发生肢（指）体离断时，应将离断肢（指）断面用无菌敷料包扎止血，减少污染。离断肢（指）用无菌敷料或清洁布类包裹，置放塑料袋中密封，低温（4℃）干燥保存，随伤员一同送至医院，切忌用任何液体浸泡。

脊柱骨折：伤员一般伤情严重，特别是颈椎骨折伴有高位颈髓损伤，可致呼吸、心跳抑制或骤停，应及时进行心肺复苏。对颈或腰部疼痛、肢体运动及感觉障碍、高处坠落者，应考虑脊柱损伤的可能。对怀疑脊柱、脊髓损伤者一律按脊柱骨折处理。

脊柱损伤的固定：先将伤员双下肢伸直，将担架或木板放在伤员一侧，数人合作，共同用手将伤员平托至硬质担架上，将其腰椎躯干及双下肢一同进行固定，预防其脊髓损伤引起瘫痪。

颈椎骨折固定：一人须始终固定保护伤员头颈部，使其平卧，可用沙土袋（或其他代替物）放置头颈部两侧使颈部固定不动。如有条件可上颈托，保护效果更佳。需要人工呼吸时，应采用双手托下颌法打开气道，清除呼吸道异物，保持呼吸道通畅。不能将伤员头部后仰或转动，以免加重其损伤导致高位截瘫或死亡。

（5）颅脑损伤急救处理。颅脑损伤常见于交通事故、高处坠落，跌倒等事故现场，一旦发生立即将患者转移至安全地方，判断伤情：有无昏迷及昏迷时间长短；呼吸道有无异物阻塞及分泌物，颈动脉有无搏动，如果呼吸心跳停止立即进行心肺复苏。

现场急救：耳鼻有液体流出时，不可用纱布、棉球填塞，只可轻轻拭去。创口内有碎骨片或异物，切不可摇动或拔出，可用无菌纱布覆盖，相应包扎固定。颅脑伤有脑组织膨出时，不要随意还纳，以等渗盐水浸湿了大块无菌敷料覆盖后，再扣以无菌换药碗，以阻止脑组织进一步脱出，然后再进行包扎固定。伤员颅脑外伤时，病情复杂多变，应禁止其饮食，观察瞳孔、意识变化，迅速送医院救治。昏迷伤者应侧卧或仰卧，头偏向一侧，以防呕吐误吸。

（6）烧烫伤急救处理。急救处理原则：烧烫伤遵循"冲、脱、泡、盖、送"五字原则。"冲"指冷水冲淋降温，"脱"指除去燃烧后或浸满热液的衣物，"泡"指冷疗，"盖"指创面的覆盖，"送"指妥善地转送医院。

热力烧伤：包括火焰、蒸汽、高温液体、金属等导致的烧伤，应尽快脱离热源，对火焰烧伤或高温汽、水烫伤，用冷水局部降温，然后脱去已经灭火或热液浸渍的衣服。衣服着火时不要站立、奔跑、呼叫以防增加头面部烧伤或吸入性损伤。中小面积烧烫伤，特别是四肢的烧烫伤，可将烧烫伤处在冷水下淋洗或浸入清洁冷水中（水温以伤员能耐受为准，宜为15℃左右），或用清洁冷水浸湿的毛巾、纱垫等外敷。不宜长时（不超过10min）冰敷或冰水冷敷，尤其对烧烫伤范围超过半个肢体的伤员，极易造成冻伤或低体温危及生命。伤员烧烫伤处用无菌纱布或清洁织物覆盖，并及时送医院救治。未经专业医务人员许可，切忌在烧烫伤处敷擦任何物品或药物。如送医时间大于2h，伤员可多次口服少量盐水或糖盐水。

电烧伤：发生电烧伤时，立即切断电源脱离电源，依上述五字原则处理送医。

化学烧伤：酸碱或有毒有害物品化学灼伤时，首先用干布或吸水性强的纸张清除残留化学品，迅速剪除被侵蚀的衣物，然后立即用大量清水彻底冲洗，冲洗时间一般不少于 10min。救护者最好佩戴防护手套或其他防护用品进行操作，以免自身灼伤。

（7）挤压伤急救处理。挤压伤是由挤压造成的直接损伤，是人体肌肉丰富的部位如四肢、躯干遭受重物长时间挤压而造成以肌肉损伤为主的软组织损伤，常见于地震、塌方等事故现场。

1）挤压伤现场急救：伤员发生挤压伤时，应迅速解除受伤部位的压迫，移至安全地带，进行全面检查和紧急处理。首先检查伤员生命体征，对发生心跳、呼吸停止者，立即进行心肺复苏。挤压伤常伴有胸腹部内脏损伤而发生失血性休克，应尽早发现、优先处理，快速送往医院救治。解除伤肢压迫后，保持制动，使伤肢尽量暴露在凉爽的空气中，用冷水或冰块冷敷受伤部位。伤肢禁止抬高、按摩和热敷。被挤压的肢体有开放性伤口和活动性出血者，应立即止血，但禁忌加压包扎和使用止血带止血，以免加重损伤。在伤员转运过程中，须减少肢体活动，无论有无骨折，都要用夹板固定。对肢体肿胀严重者，注意外固定的松紧度，防止过紧加重损伤。

2）挤压综合征的处理：挤压综合征是指由于肌肉长时间受到挤压造成的肌肉细胞损伤坏死而出现的临床症候群，主要特征为受伤肢体肿胀、肌红蛋白尿及高血钾为特点的急性肾功能衰竭。挤压综合征是肢体挤压后逐渐发生的，必须密切观察，及时转送医院，不要因为受伤肢体无伤口而忽视其严重性。伤员在转运过程中应严密观察其尿液颜色，如尿液呈茶褐色或红棕色，应考虑肌红蛋白尿，注意出现急性肾功能衰竭的可能，同时注意高钾血症造成的心搏骤停。让伤员口服碱性饮料，可起到一定的预防作用。

（8）动物咬伤急救处理。

1）毒蛇咬伤急救。被咬伤后，不要惊慌、奔跑、大声呼叫、饮酒，以免加速蛇毒在人体内吸收和扩散。

a. 伤肢处理：绑扎伤肢，放低伤口，避免伤口高于心脏，用绷带或就地取用草绳、手帕、布带等由伤口的近心端向远心端包扎，松紧度以通过一指尖阻断静脉和淋巴回流为宜。每 30min 放松一次，每次放松 1min。如果伤处肿胀迅速扩大，要检查是否绑得太紧，否则绑的时间应缩短，放松时间应增多，以免肢体缺血坏死。

b. 排毒：排出毒液，咬伤大多在四肢，应迅速从伤口上端向下方反复挤出毒液，用负压（火罐）把停留在伤口内的蛇毒尽量抽吸出来，如此反复进行多次。

c. 伤口处理：常规消毒，以牙痕为中心或两牙痕之间用利器把伤口切开，用生理盐水或大量清水冲洗伤口 0.5h 以上，并注意应将伤肢固定，避免活动，以减少毒液的吸收。

d. 咬伤后应迅速转运至医院，边冲洗边转运。

e. 尽可能记录蛇的形状、颜色或拍照，提示毒蛇种类，以利于医院后续抗蛇毒血清的选择使用。

2）宠物及野生犬抓咬伤急救。立即挤压伤口排出污血，同时用 20%肥皂水冲洗至少 15min，再用清水洗净，然后用 2%～3%碘酒或 75%酒精涂擦伤口，切忌直接用碘酒、酒精消毒。局部伤口原则上不包扎、不缝合，不用粉剂、软膏，少量出血时，不要急于止血。尽早送医院治疗。被狗撕咬的衣物，应及时更换煮沸消毒，以防止再接触皮肤或黏膜发生"非咬伤性接触感染"。

（9）中暑急救。中暑是在高温作业环境条件下，出现以体温调节中枢功能障碍、汗腺功能衰竭和水电解质丧失过多为主要表现的急性疾病，夏天杆塔作业、有限空间等电力作业现场极易发生。

1）中暑分度：轻症中暑表现为头昏、全身乏力、面色潮红、大量出汗，体温在 38.5℃以上；重症中暑可出现高热、肌肉痉挛和昏迷等症状。

2）现场急救：发现有中暑伤员，应立即将避暑伤员从高温或热晒环境中转移到阴凉通风处休息。让中暑伤员仰卧解开衣服，脱去或者松开衣服，如衣服被汗水湿透，应更换干衣服，进行皮肤肌肉按摩，促进散热。借助电风扇、空调能降低温度，同时用 15℃冷水擦浴、湿毛巾覆盖身体、头部置冰袋等方法降温。意识清醒的伤员或经过降温清醒的中暑伤员服用人丹或藿香正气水，饮服淡盐水、冰矿泉水等解暑。对于重症伤者尽早送医治疗。

（10）溺水急救技术。发现有人溺水时，立即呼叫援助并拨打120急救电话，在保证自身安全的前提下，通过投递竹竿、衣物、绳索、漂浮物或借助专用浮力救援设备，迅速将其从水中救出。

溺水者救上岸后立即清理其口鼻内的泥沙和水草(开放气道)，平卧位，判断意识、呼吸、心跳，呼吸心跳停止的立即予以心肺复苏。在不影响心肺复苏的前提下，尽可能去除湿衣服，擦干身体，防止患者出现体温过低。

关于控水：溺水患者的呼吸道可能进入少量的水，是否为溺水者实施各种方法的控水措施，包括倒置躯体或腹部冲击法等，目前存在较大的争议。一般来说，海水淹溺可以首先控水，但是应动作敏捷，较短时间内完成，不要影响其他抢救措施，淡水淹溺则不需要控水。

在人工呼吸或者胸外心脏按压时，溺水者会出现呕吐，如呕吐，则将其头部偏向一侧，用手指、手帕或者吸引的方法去除呕吐物。

（11）有害气体中毒急救技术。对于在密闭空间、电缆沟、深井，坑道救援现场常常伴有有害气体的存在，会导致中毒。伤者出现头晕、头痛、乏力、胸闷、昏迷等症状，严重时甚至心跳、呼吸骤停。

怀疑可能存在有害气体时，应设法利用一切通风设施排除有害气体，立即将有关人员迅速撤离现场，转移到上风口空气新鲜处，安静休息。

抢救人员应戴好防护工具，使用正压自给式呼吸器、化学安全防护眼镜、橡胶手套，才能执行施救任务。

对已昏迷中毒的伤员应保持气道通畅，清除口鼻腔内分泌物，解开领扣、松解裤带，注意保温或防暑，有条件时给予氧气吸入。呼吸、心跳停止者应立即进行心肺复苏，并联系医院抢救。

迅速查明有害气体的名称，供医院及早对因治疗。

护送中毒伤员要取平卧位，头稍低，并偏向一侧，避免呕吐物误入气管。

（12）悬吊创伤的急救技术。

1）概述。悬吊创伤（安全带悬吊综合征），指杆塔高空作业人员因触电、中暑、疾病等原因导致昏迷发生跌落，进而形成高空悬吊伤害。人员垂直悬吊因重力作用、安全带挤压静脉血管、腿部肌肉收缩停止等原因使腿部的血液循环受阻，血液滞留下肢形成血池，导致主要器官缺血而出现休克和器官衰竭，人员昏迷和功能失效，甚至死亡。当血液在腿部积聚 10～20min 后，血液中的氧气消耗殆尽，二氧化碳饱和，身体代谢也在血液中产生了许多有毒废物，如果这些无氧且有毒素的血液快速返流到身体其他部位，很大概率会造成心脏停止工作，肾功能受损，严重者也可能发生死亡，这就是返流综合征。悬吊创伤急救如图 10-2 所示。

2）悬吊创伤症状。初期普遍感觉不舒适、眩晕、多汗且有其他休克迹象，脉搏跳动和呼吸频率加快，紧接着脉搏跳动突然减缓，血压骤然降低，在 5～30min 内/后失去意识，如未能及时获救，伤员伤者必会因为血液循环不畅及脑部缺血缺氧而晕厥甚至死亡；如伤员伤者还有其他伤口，则死亡将发生得更快。

3）悬吊创伤的急救。

a. 空中紧急处理：如果可能，在空中就应该开始紧急处理，在伤患的膝盖或脚的位置提供着力点（见图 10-3），从而减少安全带对静脉血管的压迫，同时，大腿肌肉的发力也有助于血液的回流。为下一步的高空营救赢得宝贵的时间。

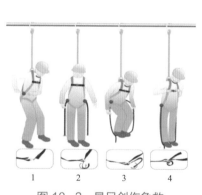

图 10-2　悬吊创伤急救

图 10-3　踩踏着力绳环

b. 现场处治：利用绳索技术或升降设备解救伤患，快到达地面前控制速度，避免伤患身体落地后平躺，使用绳索、椅子、墙面或其他依靠物，让伤患保持坐姿至少 30min，否则伤患会因为返流综合征而受到生命威胁。

4）悬吊创伤的预防。所有能让腿部血液有效回流的方法都值得尝试，比如抬高膝盖高于臀部、帮助伤患两脚做蹬自行车的动作，或者提前在安全带上安装辅助的踩踏着力绳环。

（五）注意事项

（1）在对伤员进行救治前以及救治时，一定要随时评估现场环境安全，避免风险外溢，而产生新的伤患。

（2）不论对伤患做了如何周全的处置，都需要时刻保持对伤患的关注，重点是大脑意识水平（清醒、对声音有反应、对疼痛有反应、无意识），意识水平的变化能直接反应现场处治的效果。发生意识水平恶化趋势，需要立刻判断做出处治。

（3）从发生事故到转运至具有治疗条件的医疗机构，这段时间可能会很长，现场人员的先期处治极为重要，所有的处治手段都需要有计划地实施。

（4）真实的急救现场情况多变，各种因素影响施救者的救治效果，为了更有效地救治伤患，相关的救治手段都需要勤加练习，提前进行实战演练，熟练掌握。

（六）体会

1. 防患于未然

所有事故和疾病伤害都是有其规律性的，虽然不能完全杜绝，但可以通过预防手段降低发生的概率，前面提到的所有伤病都可以有预防手段，这些手段可以降低疾病的发生概率，或者对后续的处治做有效的前期准备。

2. 现场人员的专业素养

现场急救技术并不是非常难掌握的技能，虽然大多数人都不具备医学背景，但并不妨碍我们进行有效的现场医疗处治，关键的是平时要注重急救培训，这是预防严重后果的最有效手段。

3. 为后续的处治争取时间

现场急救处治至关重要，但很多时候也会无能为力，最终将伤患送到医院获得妥善照顾才是最终目标，如何为后续治疗争取宝贵时间尤为重要。

十一 变、配电站房应急排水

（一）概述

随着经济、社会发展，城市基础建设日新月异，部分变电站周边地貌变化较大，成为低洼变电站。为节约城市用地，部分变、配电站建在地下，水淹隐患日益凸显。台风来袭时，通常会带来大量雨水，导致变、配电站场地严重积水（见图 11–1），水位持续上升，面临全停风险。再加上周边水库泄洪、河道湖面水位上涨将进一步加剧变、配电站被淹风险。当地供电公司应用 ECS 系统实时监控气象情况，结合气象部门的预警信息开展预警行动。经研判，某低洼变电站所在地区有较大内涝风险时，立即调配应急救援基干队伍、物资、装备、车辆等资源，提前驻扎前线。

图 11–1 受灾变电站

（二）组织体系和出动流程

1. 收集信息

应急指挥中心值班人员接到变电站水淹预警信息后开展前期信息收集，包括电网运行情况、事发变电站驻守情况、水情信息、当地交通通行条件、近期气象信息等，通过 ECS 系统发送给应急救援基干队伍现场负责人。

（1）电网运行情况：变电站当前运行状态、变电站运行计划、变电站停运对电网的影响等。

（2）变电站驻守情况：变电站现场驻守负责人或联系人的联络方式、需应急救援基干队伍协助进出站人员等。

（3）水情信息：受灾点目前水位及受淹面积、变电站被淹地下空间最深位离地高度。

（4）交通通行条件：变电站具体地址和定位信息、地图导航路径、周边内涝无法通行区域等。

（5）近期气象信息：当地降水量、未来降水量等。

2. 组织出动

在当地供电公司应急指挥部的统一协调下，现场变电站排水救援工作由应急救援基干队伍现场负责人统一指挥，根据 ECS 系统指令，集结应急救援基干队伍并进行分工，安排专人负责现场勘查、风险预控、防水防漏、排水、后勤保障等工作。通过 ECS 系统站内视频核实变电站水淹情况，调配排水、照明、橡皮艇等应急装备，赶往受灾变电站。

3. 装备配置

变、配电站房应急排水主要应急装备见表 11-1。

表 11-1　　　　　　　　主 要 应 急 装 备

序号	装备名称	功能要求	备注
1	大型排水车	每小时排水量不小于 2000m³	
2	大功率发电机/发电车	不小于 100kW 发电机/400kW 以上发电车	
3	大型排水泵	每小时排水量不小于 300m³	4 台以上

续表

序号	装备名称	功能要求	备注
4	照明车	车载式，照明功率不少于 16kW	
5	水陆两用车/橡皮艇	载重不低于 400kg	
6	封堵器材	挡水板、吸水膨胀袋、沙袋	
7	气体检测仪	四合一（可燃气体、氧气、硫化氢、一氧化碳）	
8	便携式照明设备	安全电压	

（三）现场勘查

应急救援基干队伍根据先期掌握的气象、道路、水情等信息，尽量绕开水淹道路，确保车辆能顺利抵达救灾点附近。队伍抵达受灾变电站之后，现场勘查人员负责勘查环境信息和勘查排水作业信息（见图 11-2）。环境信息包括气象信息、变电站竣工图纸、道路通行情况、周边水文情况（附近的江河湖泊、水库水位、泄洪路径等）、移动通信情况、设备灾损情况、现场防汛物资情况、站内低压布置等；排水作业信息包括变电站当前水位（当前总水量、预测进水量）、变电站防汛设施运行情况（围墙、地下管道、站内排水泵）、排涝条件（排水设施预置位、变电站最低点、排水管可用路径、需封堵的进水口）等。勘查信息上报 ECS 系统，与队内各组实现信息共享。

图 11-2 现场勘查人员收集排水作业信息

（四）具体应对

风险预控人员首先对站内重要设备和设施（如开关室、主控室、端子箱、机构箱等）进行标识，设立警戒水位，设置安全警戒线；对电缆沟、排水管道、污水井等站内外地面进出口进行标识，设置安全围栏。根据站内积水及道路情况，确定排水设备及排水口位置，设置安全警戒围栏。

防水防漏人员开展变电站大门、站内外电缆沟和排水通道等出入口封堵工作（见图11-3），有效阻止站外雨水倒灌情况发生。封堵采取先墙面后地面、先站外后站内方法展开，即先用挡水板、沙袋等封堵变电站大门入口；再用沙袋、棉被等封堵已标识的电缆沟、排水通道、污水井等站外地面窨井口；最后用沙袋、棉被等封堵已标识的电缆沟、排水通道、污水井等站内地面窨井口。对出现渗漏的围墙及站内房屋墙体采用沙袋、薄膜、防水密封胶进行防漏封堵。对变电站内容易积水或进水部位，如开关室、主控室、继保室等入口用沙袋、棉被封堵严实。

图11-3 防水防漏人员封堵变电站大门

排水人员根据积水方量、水泵参数及气象、外部积水情况确定水泵数量，根据扬程选择抽水和排水点位置，确保排水合理有效。水泵启动后，小组安排专人进行昼夜不间断轮流看守，确保各设备的正常使用和排水工作的正常进行。排水人员抽排蓄水沟积水如图11-4所示。

图 11-4 排水人员抽排蓄水沟积水

防水防漏人员还需加强对站内外封堵位置的巡查力度，特别是核心位置，如开关室、主控室等室内外渗漏情况，并密切关注水位是否得到有效控制。

后勤保障人员在救援期间，保障通信设施畅通，与应急指挥中心保持密切联系。提前设置应急照明装备，确保救援现场的照明需要（见图 11-5）。做好轮值人员餐饮、住宿等后勤保障工作，准备充足的燃料。

图 11-5 后勤保障人员照明保障夜间排水作业

在确认没有发生严重防水渗漏，且水位明显下降时，应急救援基干队伍开始控制排水速度，待水位下降到较低位置时，停机将水泵转移低水位处继续排水。排水工作结束后，各组整理装备，并由现场负责人通过 ECS系统向应急指挥部反馈处置情况。

（五）注意事项

变电站排水救援应充分考虑变电站带电的特性和雨水导电的风险，切实做好人身安全和设备安全各种防范措施。

1. 人身安全方面

站内抢险行动，特别是初期勘查阶段，救援人员必须与变电站运维人员协同开展，未经运维人员许可或未有运维人员陪同监督不得进入设备区。变电站室外场地已被水淹没的情况下，应由运维人员断开场地内所有动力电源和照明电源。进入有限空间时，应事先完成通风、检测。进入涉水区时，应探明水深，避开急流或泄洪通道区域，注意站内路面窨井盖可能移位。围墙、挡水板、沙袋等防洪措施应有效加固，加强监护，防止突然坍塌。现场指挥人员应通过 ECS 系统密切关注水文气象信息，掌握当地水库泄洪等相关信息，当水位无法控制时，应立即组织人员撤离。

2. 设备安全方面

排水、照明等设备应选择安全可靠位置开展工作，上空不得有遮蔽物。挡水板、沙袋等防洪措施应有效加固。发电机、电焊机、电动水泵及配电箱等应可靠接地。发电机、柴油排水设备要注意燃料油和机油。对变电站内下水道进行疏通时，应封堵原有通向站外的多余排水管道口，防止洪水倒灌。针对受淹严重道路，应选派高底盘的车辆，防止因车辆受淹熄火，人员被困等险情发生。

（六）体会

1. 人员素质方面

变电站排水抢险时间紧、任务重，要求连夜开展抢险工作，应急救援基干队员需要有较强的身体素质和技术能力。

2. 救援装备方面

现有的抽水泵抽水的最小见底距离有 20cm 左右，需要带虹吸功能的抽水设备。深层地下空间排水需使用大扬程排水泵。水淹后道路路标缺失，路况不明行动严重受阻，需要用两栖功能的车辆运送物资和人员。

3. 环境设施方面

水淹后地形复杂，变电站有明沟暗井，水涌暗渗点多，难以封堵。建议新建围墙和大门有防水挡水功能，隐蔽工程做好防水渗水。

4. 协调联动方面

加强与当地政府联系，做好发电机连续工作燃油供需；与消防等其他救援队伍沟通协调，明确分工，协同完成排水工作；加强应急通信卫星通道使用协调，确保卫星通道正常；由于排涝装备噪声较大，夜间打扰周边居民休息，应与属地公司联系，做好周边居民事先沟通工作，以免引发不必要的舆情。

十三 后勤保障

（一）概述

电网抢险队伍后勤保障主要是指在发生地质灾害、台风洪涝、雨雪冰冻等灾害后，后勤保障队伍在最短的时间内，以最快的速度为一线应急队员提供救援必需的一些器材装备，根据不同季节、气候、时间为应急队员提供饮食、住宿、服装等保障，实施应急救援后勤保障的饮食和住宿。

电力企业在应对突发事故或紧急状态抢险救灾中，后勤保障包含了应急队员饮食保障和住宿保障，它是保障应急队员在救援期间不可缺少的物质条件。如果各种资源配置不到位，没有相应的保障，应急救援的能力将受到限制，且难以有效地开展事故的预防、准备、响应、救援等工作。因此，配备不同类型的后勤保障装备是开展应急救援的必要前提，对提升企业应对突发事故或紧急情况的应急能力具有非常重要的意义。

（二）组织体系和出动流程

1. 组织出动

应急救援基干队伍主要由队伍负责人、安全监护人、救援人员组成，预警状态下应急救援基干队伍进入值守状态，保持 24h 通信畅通。队伍负责人一是做好与灾害现场供电公司的联系，了解建立后勤保障区域的场景，做好灾情预判，编制装备及人员清单，并做好 ECS 系统信息报送；二是组织救援人员按照装备清单进行检查及试运行，确保应急状态下可正常使用，具备条件的进行预装车，做好随时出发准备；三是组织梳理应急保障物资，做好运输车辆保障和调度。

队伍负责人接到响应指令后，马上与受援单位进行任务对接，明确任务信息及需求（受援地点及场景类型、受援单位联系人及联系方式等），并组织救援人员进行装备调整，以符合现场作业实际需求。

2. 前期信息收集

供电公司应急指挥部接到后勤保障支援需求后，立即通知应急救援基干队伍开展支援，应急救援基干队伍须第一时间了解以下信息：

（1）现场信息：现场当前气象情况、道路通行情况、地质地形情况。

（2）住宿餐饮需求：现场需安排住宿的人员数量，每日需就餐的人员数量。

（3）通信情况：后勤保障区域手机信号是否通畅。

（4）临时供电信息：了解现场临时供电情况，如现场无法提供电力，则需携带发供电设备和材料。

（5）预计时间：了解后勤保障的需求时间，以便更充分地准备餐饮食材。

3. 装备配置

常用后勤保障装备清单见表 12-1。

表 12-1　　　　　　　　　　常用后勤保障装备清单

序号	类别	装备名称	用途	备注
1	住宿保障类	户外宿营帐篷	单人或双人住宿	
2		大中型帐篷	单帐 20 人以下住宿	
3		宿营车	住宿及人员运输	
4		睡袋、防潮垫	住宿保温防潮	
5		折叠床	住宿	
6		帐篷灯	帐篷内照明	
7		静音工作灯	帐篷内照明	
8		应急电源	帐篷内电源	

序号	类别	装备名称	用途	备注
9	饮食保障类	炊事车及食材	炊事作业	需专人操作、配备调料及食材、配备燃料
10		单兵自热套餐	饮食保障	
11		单兵冷餐包	饮食保障	
12		单兵户外炊具	加热食物	需配备食材及燃料
13		班组用户外炊具		
14		单兵户外餐具	餐具	
15		一次性餐具	餐具	
16		饮用水	饮水	
17		户外热水炉	饮水加热	
18		能量棒	补充能量	
19	其他类	临时卫生间		
20		临时沐浴间		
21		垃圾收纳箱		需分类

（三）现场勘查

后勤保障小队主要做好环境勘查并做好信息上报，一是对后勤保障区域进行评估，评估现场环境、地形地貌及后续气象等情况，严防二次伤害；二是对后勤保障区域进行营地选址；三是了解后勤保障区附近食品补给、燃油补充及道路通行情况，为展开长期救援做好充足的后勤保障工作。

（四）具体应对

1. 工作准备

抢修队伍根据现场踏勘情况，划定抢修工作区、住宿区、用火区和卫生区，制定住宿餐饮方案。

工作区指抢修工作的活动范围，必要时用警示围栏与其他区域隔开。

住宿区用于搭建帐篷，应选择干燥、平坦、视线辽阔、上下都有通路，能避风、排水且取水方便的地方。不可在峡谷的中央，避免山洪；不可在近水之处，避免涨水；不可在悬崖之下，避免落石；不可在高凸之地，避免强风；不可在独立树下，避免电击；不可在草树丛之中，避免蛇虫。

用火区用于野外餐饮制作，应选择避风、远离可燃物、靠近水源的位置。用火区应位于住宿区下风头且距离 10m 以上的地方，以防火苗危及住宿帐篷。

卫生区是用于解决洗澡、大小便等需求的地方，应处于下风侧，比住宿区稍低一些，与其他区域保持一定距离，且有一定的隐秘性。

2. 搭建帐篷

根据划分的功能区域，在住宿区搭建帐篷，并根据需要搭接配电线路，接上发电机，满足照明和临时用电需求。晚上住宿时可用睡袋，应有防潮垫。

帐篷住宿要做好蚊叮蛇咬的防范措施。帐篷内应配备驱蚊花露水、蛇药等必要物品。必要时在住宿区四周用驱蛇药撒出一个连续不间断的保护圈（见图 12-1），保护圈宽约 5cm、厚 1~2cm。

图 12-1 帐篷四周设置驱蛇药保护圈

3. 野外用餐

在划定的用火区开展餐饮制作。在野外制作餐饮有多种方式：电磁炉、野炊酒精炉、专用户外柴火灶等，甚至根据实际情况，还可采用石头垒灶、挖土灶等方式。地沟式炊灶如图 12-2 所示。

图 12-2　地沟式炊灶

食材以方便携带、热量高、营养均衡、容易加工、少抛弃物、不易腐烂者为宜。另外应适当携带干粮、自热饭、方便面、自来水等，以备不时之需。

4. 搭建卫浴帐

卫浴帐搭在卫生区（见图 12-3），挖一个深约半米的土坑，里面放些石块和树叶（消除臭味），旁边准备一些沙土和一把工兵铲，方便及时掩埋排泄物以保持卫生。

图 12-3　搭建卫浴帐

野外洗澡一般用毛巾擦拭，水源需采用干净洁净的水源，可联系当地采用净化装置净化后进行使用。

5. 清扫现场

救援任务结束后，应及时清扫现场，打包带走饭盒、包装袋等不可化解垃圾。排泄物等其他可降解的生活垃圾应进行掩埋处理并做好消毒洁净工作，开挖的坑洞应填平，损坏的植被应进行修复。

（五）注意事项

（1）注意饮食卫生。台风、暴雨过后，水质容易受到污染，饮用、淋浴等用水都应进行煮沸消毒，不要用未经消毒的水漱口、洗果蔬和碗筷等。

（2）防止高温中暑。台风过后，往往伴随着高温酷暑，容易引发中暑。户外活动时应尽量避开中午前后高温时段，并做好防晒措施，携带防暑药品和充足的水。帐篷通风口朝向应有利于空气流通。

（3）做好野外用火安全措施。科学选取用火地点，要充分评估用火安全隐患，就近配置灭火器，用火结束后要彻底弄灭火苗、火炭，并用沙土掩埋，彻底消除火灾隐患。

（4）做好医疗救护准备。开展户外作业，存在蛇咬中毒、食物中毒、高温中暑等多种风险，除了做好自身安全防护、自备药品和院前救护准备外，还应提前了解周边医疗情况，以便有突发情况时能够第一时间就医。

（5）做好环境保护。救援产生的各类垃圾应及时清理并带走，排泄物应掩埋，开挖的坑洞应填平，损坏的植被应进行修复。

（六）体会

1. 人身安全方面

在队伍行进过程中，严防机动车运输及交通造成的机械伤害；工作区域设置安全围栏，无关人员禁止进入工作区域；操作时正确佩戴安全帽、劳保手套，防止碰伤及手夹伤；高处作业人员需谨慎使用工器具，以防掉落工器具砸伤扶梯人员，扶梯人员需集中精力观察人字梯上工作人员状态，做到随时提醒，注意安全。

2. 食品安全方面

（1）使用后的餐具、刀具、菜板和容器等，须及时清洗干净并消毒。

（2）食品原料与辅料必须新鲜、清洁、无毒无害，色、香、味正常，符合相应的卫生要求。

（3）每日餐食即做即食，如有剩余餐食不存放，并做到每餐留样检查。

（4）其他接触食品的工具、容器、包装材料、工作台面以及货架、橱、柜也应当每日清洁、无毒无害。

（5）做餐使用清洁饮用水或达标瓶（桶）装水。

（6）满足最低能量需要的食物供应最长不应超过 7 天。

（7）做餐人员须熟知炊具、餐饮具防尘、防蝇虫、防鼠、防水和防潮知识。

3. 人员素质方面

电网抢险队伍后勤保障涉及人员住宿、洗漱和饮食等工作，往往持续时间较长，要求应急队员具备较好的身体素质、熟练的配电安装技术、净水车日常维护保养技能，选派的厨师具有熟练操作餐车的能力，能合理安排抢修队员的营养膳食。

4. 装备安全方面

现场安全监护人员应时刻观测天气变化和餐饮设备运行情况，如遇大风、大雨等恶劣天气，应立即暂停餐车工作；如出现短路，应立即停止操作并断电。指定专人每天不低于 2 次检查帐篷的拉绳与地钉，防止与帐篷发生脱落。

5. 救援营地建设方面

（1）平整场地：清除帐篷搭建区石块、树枝、灌木等尖锐物品并平整场地，防止帐篷被刺穿。

（2）场地分区：一个标准的救援营地应分帐篷宿营区、用火区、就餐区、用水区（盥洗）、卫生区等区域。其中用火区应在下风处，以防火星烧破帐篷；就餐区应靠近用火区，以便烧饭做菜及就餐；活动区等应在就餐区的下风处，以防活动的灰尘污染餐具等物；卫生区同样应在活动区的下风处；用水区应在溪流及其河流上分为上下两段，上段为食用饮水区，下段为生活用水区。

（3）建设帐篷露营区：如有数个帐篷组成的帐篷营地区，在布置帐篷时，应将帐篷门都开向一个方向，并排布置。帐篷之间应保持 3m 以上的间距。

（4）建设卫生区：临时厕所应当挖建，并建在树木较密的地方。

6. 环境安全方面

队伍负责人通过 ECS 系统密切关注气象情况，估量灾害现场内涝水位，观察是否存在人身溺水的风险；道路受阻、泥石流坍塌、树木倒塌现场做好清障、破拆工作，清障人员应穿戴好个人防护用品，防止道路坍塌造成二次伤害。

7. 消防安全方面

营地临时线路容量有限，帐篷应设置接地装置，禁止使用大功率电器，避免线路发热、漏电引起火灾和人员触电事故；雨后应对线路逐一检查，杜绝线路发生短路引起安全事故；配备必要的消防器材，防患于未然。

十三 物 资 转 运

（一）概述

在全球变暖和气候变化等因素的影响下，大型自然灾害，如地震、台风、洪水、干旱、雨雪冰冻、森林草原火灾等越来越频繁和严重，对人类社会造成巨大的损失和影响，包括人员伤亡、财产损失、生态环境破坏等。同时，也会对电网造成极大破坏，导致电网停电和设备损坏。本案例模拟某地发生地震，当地供电公司应用 ECS 系统紧急调配应急救援基干队伍、物资、装备、车辆等资源，向灾区转运应急救援物资，为救灾、抢险提供物资保障，应急救援基干队伍开展应急救援物资转运工作。

（二）组织体系和出动流程

1. 队伍调动

地震灾害发生后，属地供电公司成立应对地震灾害应急指挥部，指挥部工作组根据应急指挥部会商要求组织应急救援物资转运，通知应急指挥中心应急值班室通过 ECS 系统发布相关信息及调动应急救援基干队伍。应急救援基干队伍集结分工如图 13-1 所示。

2. 信息收集

接到应急救援物资转运任务后，通过 ECS 系统、电话、在线视频等手段初步了解任务信息：

（1）目的地及周边环境：地震造成的破坏程度，影响的范围，目的地周边交通情况等信息。

图 13-1 应急救援基干队伍集结分工

（2）应急救援物资信息：物资领取点和交付点，物资类别、型号参数、数量、重量、尺寸以及特殊运输要求等信息。

3. 救援装备

应急救援基干队伍现场负责人根据收集的信息，初步确定转运路线、运输工具和装卸装备。

常用转运工具有吊装工具（如随车起重机、升降平台、叉车、三脚架等）和运输工具（如中小型货车、工程车和皮卡车等），现场负责人可根据现场具体情况确定。物资转运主要装备见表 13-1。

表 13-1 物 资 转 运 主 要 装 备

序号	装备名称	功能要求	备注
1	随车起重机		吊装工具
2	升降平台		吊装工具
3	叉车		吊装工具
4	中小型货车		地面运输
5	工程车		地面运输
6	皮卡车		地面运输
7	冲锋舟	舟体材料为玻璃纤维	水上运输
8	橡皮艇	舟体材料为充气橡皮	水上运输
9	可拆卸式移动浮岛平台		水上运输
10	摩托艇		水上运输
11	气垫船		涉水运输

序号	装备名称	功能要求	备注
12	水陆两栖车	核载 4 人	涉水运输
13	高底盘涉水车	涉水能力不小于 50cm	涉水运输
14	救援直升机		空中运输
15	无人机		空中运输

（三）现场勘查

应急救援基干队伍现场负责人派出两组人员，同时前往物资领取点和交付点，对转运路线进行现场勘查，制定详细的应急救援物资转运方案。方案内容包括物资领取点、交付点，类别、型号参数、数量、重量、尺寸、吊装设备、所需转运人数，运输工具装载能力、预计到达交付点时间，以及受灾地地理位置、周边路况等。勘查信息上报 ECS 系统，实现信息共享。

（四）具体应对

1. 实施装车

应急救援基干队伍到达物资领取点后，按照应急指挥部提供的物资清单，通过人工搬运或机械吊装方式将物资分类装车。人工搬运时，要对搬运人员的承载力进行详细分析，按照搬运能力和实际需求进行物体搬运，避免承载力不足造成人身伤害。机械吊装时，起重机停放在平整地面，展开和顶起全部支腿，载荷重量在不超过额定载荷量 80% 的情况下进行起吊装车。起重机由专人统一指挥，指挥信号应规范、畅通。物资装备装车后应绑扎牢固，并用绳索绞紧。大型装备、轮式设备周围应用三角木塞牢，防止运输过程中滚动或移动。转运应急物资实行分类管理，按照国家地震救援装备分类代码标准，对转运物资中搜救装备标记为橙色，通信装备标记为蓝色，医疗物资标记为红色，保障类物资标记为黄色，食品等相关物资标记为绿色。所有转运物资按照类型实行分类装车专人管理。应急救援基干队伍人工搬运应急物资如图 13-2 和图 13-3 所示。

图13-2　应急救援基干队伍人工搬运应急物资

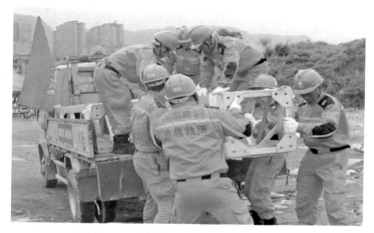

图13-3　应急救援基干队伍搬运应急物资

2. 实施转运

应急救援基干队伍现场负责人根据应急救援物资转运实施方案，确定转运路线，一般存在以下三种情况：

（1）地面车辆转运。应急救援基干队伍根据属地化交通管理部门所提供的道路信息，选择安全高效的转运路径。出车前对路径险桥、沟坡和坑洼路面进行了解，并向车辆负责人和驾驶员路况安全进行交底，行车中要与应急指挥部保持联系，按照既定路线将应急物资安全送达目的地。

应急救援基干队伍在赶往交付点途中，如遇突发余震、泥石流等次生

灾害，造成人员车辆被困无法通行时，由现场负责人第一时间向公司应急
指挥部汇报相关情况，包括所处位置、人员和车辆状况，并对周边环境进
行现场勘查，如有其他路线或旁路便道，及时更换其他路线，继续前行。
若车辆无法绕道前行，现场负责人研判赶赴交付点剩余路程，将应急救援
基干队伍分为两组，第一组留在安全地带看守物资，等待道路修复，第二
组则携带帐篷、便携式通信设备、简易照明设备、便携式移动电源、折叠
担架等便于携带的应急救援物资徒步奔赴交付（见图 13-4）。应急救援基
干队伍车辆转运如图 13-5 所示。

图 13-4　应急救援基干队伍徒步奔赴灾区

图 13-5　应急救援基干队伍车辆转运

（2）水上舟船转运。按水域物资转运方案，应急救援基干队伍现场负责人进行装备人员分组，每组指定一名操作手和一名观察手。操作手负责操作涉水载运装备，观察手负责艇上安全监护工作和检查水域安全防护用品配备情况。

在物资转运前，应急救援基干队伍现场负责人与操作手、观察手、艇上救援人员开展方案及安全交底，组织救援人员将涉水载运装备搬运下水，搬运时人员要两侧分配平均、齐心协力，装备入水后应马上采用安全绳或安全钩做好涉水载运装备锚固，防止装备摇摆脱离岸边，锚固点必须牢固可靠，安全绳、安全钩必须在额定荷载范围内使用。

应急救援基干队伍现场负责人指定一名应急救援基干队员统一指挥搬运物资，搬运过程中与操作手和观察手保持密切联系。观察手要观察涉水载运装备的吃水深度，确保其保留一定的浮力和稳定性，物资载重应合理分布，绑扎牢固，减少转运过程摇摆。涉水载运装备如图 13-6 所示。

图 13-6　涉水载运装备

在航行时，观察手利用口哨、旗语、对讲机等通信方式与操作手保持信号联系（见图 13-7）。操作手遇到复杂地形时，应降低航速，观察清楚方可通过。在垃圾较多的水域航行时，发现航速下降或发动机声音不正常，可能是异物缠绕螺旋桨，应立即停下来，清理干净后继续航行。物资保障人员应做好涉水载运装备油料补充。水陆两栖设备进行设备人员转运如图 13-8 所示。

图 13-7　冲锋舟船队航行保持信号联系

图 13-8　水陆两栖设备进行设备人员转运

（3）空中物资转运。当通往交付点的道路遭到严重破坏，或者没有适合的水域，无法满足地面和水上安全通行条件时，应急指挥部应与当地政府联系，协调救援直升机，通过空运将应急救援基干队伍及救援物资运送到交付点。

物资转运工作结束后，现场负责人应清点人数，应急救援基干队员应整理装备，检查载运装备是否损坏，并通过 ECS 系统或卫星电话向上级反馈处置情况。

（五）注意事项

1. 人身安全方面

物资搬运过程中，要充分考虑人员承载力，避免承载力不足造成人身事故。机械起吊前检查四周有无人员逗留，必要时四周装设围栏并安排"叫停"人员，起重司机和指挥人员应为经过专门培训和持证人员。在邻近带电设备附近使用起重机械时，安装接地桩，车身用 $16mm^2$ 多股软铜线可靠接地。物资转运过程中要严格落实当地政府疫情防控措施，做好个人安全防护措施。转运前后对车辆物资进行消毒、消杀，严防疫情传播。运输途中严格落实公司交通安全相关规定，杜绝因超速、超载、疲劳驾驶造成交通事故。

水上运输时，观察手在作业开始前应检查登舟人员水域救生防护用品是否齐全。物资转运过程中应防止人员落水和涉水载运装备舱内进水。全体救援人员应熟悉水上救援应急预案，充分掌握水上遇险求生技能，如船体排水堵漏、弃船跳水逃生、落水应急自救等技能。

2. 设备安全方面

采用起重机装车过程中，起重机不得停放在倾斜地面上作业，停车和支腿应避开暗沟和地下管线，并应注意工作范围内有无电线及其他影响作业的障碍物。车辆到达灾区后，物资卸货及搬运要统一指挥，分工协作，有序进行，轻起轻放，严禁野蛮装卸和违章指挥、违章作业、违反工作纪律，确保人员、设备及物资安全。

采用舟船转运时，装备入水离岸前应再重点检查以下事项：检查冲锋舟挂机处艉板，防止出现磨损过大或固定艉板松动；对橡皮艇浮筒检查是否漏气，桨架和阀门通道是否漏气等；检查船外挂机油箱和输油管有无破损、连接是否牢固；检查装备油料是否满足航程要求。

3. 物资保护方面

在物资转运过程中，应安排专人负责观测物资绑扎情况，防止物资松脱损坏。应急物资运达交付点后，将物资分区分类摆放，并挂牌标明品名、规格、数量等。露天放置的物资要"上盖下垫"。

（六）体会

1. 人员素质方面

应急救援物资转运时间紧、任务重，可能要求连夜开展处置工作，应急救援基干队员需要有较强的身体素质和技术能力。在进行人力物资搬运时，应急救援基干队员要提前做好热身活动，避免肌肉痉挛损伤。

2. 救援装备方面

应结合水域情况及涉水载运装备特性做好装备选择，以确保安全及运输效率，如：冲锋舟、橡皮艇等装备需在 1.5m 及以上水深使用；水陆两栖车载重一般不超过 500kg，荷载人数仅 4 人，载运能力有限；高底盘涉水车最深行驶水位一般可达 1m，但荷载可达数吨，适宜在积水较浅的路线行驶，有效提升转运效率。

3. 环境设施方面

城市道路内涝水域环境复杂，可能发生积水漏电等风险，航行前队伍负责人应与属地负责人确认物资转运路线是否存在未停电的带电体。

4. 协调联动方面

加强与当地政府联系，受灾现场因线路设备停电，加油站不能及时补充油料，需提前做好应急电源连续工作燃油供应；加强应急通信卫星通道使用协调，确保通道正常。提前与交付点负责人沟通，合理摆放物资顺序，确保急需物资优先转运。复杂路段应安排属地人员随队引导，避免出现迷路或者绕行的情况。

十四　抢修现场应急救援指挥部搭建

（一）概述

随着国民经济的快速发展和人民生活水平的不断提高，电力可靠供应是保障社会各项工作正常开展的首要条件。鉴于电网设施设备大多布置于室外，抗地震灾害的能力不足，突发地震地质灾害会对电网造成巨大的损坏，造成局部停电。地震地质灾害后迅速开展电网抢修，尽快恢复电力供应，保障后续救援和灾后恢复工作是电网企业的首要任务和义不容辞的责任。

但是地震地质灾害后，现场正常通信设施极有可能遭到破坏，正常的手机通信可能无法接通，同时，由于地震现场电力设施设备破坏情况复杂，涉及多专业多工种协同作业，电力抢修工作需靠前指挥，因此需要在地震地质灾害一线搭建指挥部，以保障后续电力抢修工作有序开展。

（二）组织体系和出动流程

1. 前期信息收集

供电公司应急指挥部接到现场应急救援指挥部搭建支援需求后，立即通知应急救援基干队伍开展支援，并第一时间收集以下信息：

（1）现场信息。当前气象情况，道路通行情况，现场受灾概况等。

（2）指挥部需求。现场指挥人员数量、办公用品需求、照明设备需求、是否需要住宿帐篷、是否需要供电等。

（3）应急通信需求。卫星电话、对讲设备、扩音器等需求。

（4）供电需求。现场如需供电，了解大致供电时长，以便选择合适的发供电设备和燃料。

2. 组织出动

应急救援基干队伍主要由队伍负责人、安全监护人、救援人员组成。预警状态下应急救援基干队伍进入值守状态，保持 24h 通信畅通。队伍负责人应做好以下工作：① 做好与受灾单位沟通，随时了解受灾情况、灾害现场环境等因素，做好灾情预判，编制装备及人员清单，并做好国网新一代应急指挥系统（以下称 ECS 系统）信息报送；② 组织应急救援基干队伍按照装备清单进行装备检查，确保应急状态下可正常使用，具备条件的进行预装车，做好随时出发准备；③ 组织梳理应急保障物资，做好运输车辆保障和调度。

应急救援基干队伍负责人接到响应指令后，马上与受援单位进行任务对接，明确任务信息及需求（受援地点及场景类型、受援单位联系人及联系方式等），并组织救援人员进行装备调整（见表 14-1 和表 14-2），以符合现场作业实际需求。

做好队伍行进规划，第一时间调配发电机（车）、应急照明设备、电线电缆等应急装备，赶往灾害发生地。后续根据现场勘查情况，做好风险预控，安排专人负责后勤保障工作。

表 14-1　　　　　　　　　主要应急装备（搭建指挥帐篷）

序号	装备名称	规格型号、功能要求	单位	数量	备注
1	指挥帐篷	框架式、快装式帐篷（不小于 5m×8m）	顶	1	要求设置拉线及排水沟，面向开口侧设置现场应急救援指挥部标语
2	发电机	3kW	台	1	
3	应急电源	UPS，负载不小于 2kW	台	1	包括线盘、插线板
4	全方位移动泛光灯	升高不小于 4.5m	台	1	
5	快装帐篷灯	适配	套	若干	含室外配电箱
6	座椅	便携椅子	张	若干	
7	会议桌	便携式	张	若干	

续表

序号	装备名称	规格型号、功能要求	单位	数量	备注
8	卫星通信设备	卫星小站	套	1	根据情况可以为卫星通信车、便携式卫星小站、卫星通信方舱等
9	电视机	50寸	台	1	根据实际使用情况，50寸电视机既能够满足便携型，又能满足现场图像需求；同时该尺寸电视机一般自带10~15W音频
10	音响	会议音响	套	1	根据现场情况布置50~80W音响，增强外放效果
11	视频会议终端	视频会议设备	套	1	根据实际需求放置视频会议终端，不限于华为、中兴、思科等
12	打印机	激光打印机	台	1	
13	电脑终端	笔记本电脑终端	台	若干	
14	话筒	有线/无线拾音话筒	只	4	根据需要设置1~2路话筒
15	摄像机	视频会议摄像头	台	1	视频会议摄像头
16	支架辅材	电视机支架、话筒支架、摄像头支架	套	1	包括视频、音频、数据线缆
17	工具包	含全套电工工具、万用表	个	1	
18	人字梯	2m	把	1	
19	杉木杆	3m	根	2	
20	护套线	BVVB-3×2.5	m	10	
21	铁锹、锹锄	便携式	把	2	
22	塑料扎带	5mm×200mm、6mm×400mm	包	1	两种规格各1包
23	接线板	标准、无线	个	若干	

注 以上为只搭建1顶指挥帐篷所需要的装备、材料，如需搭建住宿帐篷，则还应补充表14-2中列出的装备、材料。

表14-2 主要应急装置（搭建住宿帐篷）

序号	装备名称	规格型号、功能要求	数量
1	帐篷	3m×4m框架式班用帐篷	根据现场需要配置数量，每顶帐篷最多住6人
2	低压配电箱	300mm×400mm×180mm	每顶帐篷1个+发电机侧1个
3	接地棒	长度大于600mm（含接地线2m）	每个配电箱1根
4	空气断路器	C32	每个配电箱4只

续表

序号	装备名称	规格型号、功能要求	数量
5	人字梯	2m	每3名队员1把
6	杉木杆		每顶帐篷1根
7	灯头	普通螺口	每顶帐篷3个
8	灯泡	LED 灯 20W	每顶帐篷3个
9	枕头开关		每顶帐篷1个
10	接线板	无线排插	每顶帐篷1个
11	工具包	含全套电工工具、万用表	每3名队员1套
12	配电材料	护套线、橡皮软绝缘线、双绞线等	按需足量配置
13	塑料扎带	5mm×200mm、6mm×400mm	每5顶帐篷各1包

（三）现场勘查

应急救援基干队伍抵达灾害发生地点后，立即开展现场环境勘查工作，勘查信息上报 ECS 系统，与队内各组实现信息共享。

（1）现场气象信息、风速情况和现场应急救援指挥部道路通行情况。

（2）检查作业场地情况：

1）场地是否平整，满足指挥帐篷、办公设施、照明装备、通信设备就位；

2）周边环境有无发生次生灾害的可能性，是否符合照明装备作业要求（照明高度内无高压线、树枝等妨碍照明装备使用的危险因素存在）；

3）排查作业区域内是否存在危险因素（危化品、爆炸物、塌方、泥石流、危险动物等）。

（四）具体应对

现场搭建应急指挥部重点实现现场音视频采集、现场通信、监测监控、视频会商等主要功能，可满足应急通信、视频会议、图像接入、数据检索和调用等功能需求，以及可满足应急指挥人员赴现场进行应急指挥，支持电话通信、数据传送、图像接入、视频会议业务，支持信息采集与查询等。指挥帐篷办公设施布置示意图如图 14-1 所示。

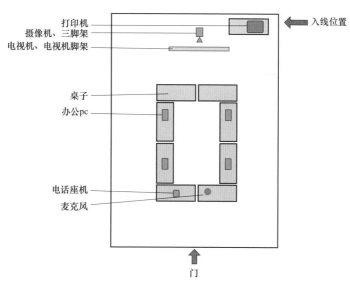

注：① 指挥帐篷还包括：供电、照明、标语、座椅等；
　　② 必要的辅材包括：话筒线、电话线、视频线、音频线、网线、电源插板。

图 14-1　指挥帐篷办公设施布置示意图

1. 搭建前期准备

现场应急救援指挥部的选址要遵循"尽量靠近事故发生地"原则，应急救援基干队伍要听取有关专家的建议，在保障安全的前提下，按照便于靠前指挥、便于交通进出、尽量减少对群众生产生活影响等要求，在事发区域周边搭建指挥帐篷。指挥部搭建应尽量面向事故发生地。指挥部搭建前应清理区域石块、灌木等尖锐物品，平整场地，按照标准化流程搭建好指挥帐篷。

2. 搭建具体要求

应急指挥部搭建时，选址要进行仔细勘查，尽量选择宽阔、平整的地面，按照各自的任务分工，挖沟排水、组装框架、撑棚、捆绑、打桩固定，帐篷搭建工作要熟练、迅速。搭建过程中，应急救援基干队伍成员分组行动，对应急指挥的各类装备、设备要分门别类，专人负责管理，对现场搭建要分步骤、分项目进行拆分，定向到人，确保运转顺畅。同时，要做到要素齐全，对于办公桌椅、照明设施、发电设备、应急通信系统等都必须通盘考虑，做到不漏环节、不错细节。

3. 应急供电及照明

应急供电是在正常供电系统因地震地质灾害导致电源发生故障，不再提供正常供电的情况下，供现场应急指挥、抢险救灾、保障安全、夜间照明或继续工作的临时电源。目前，现场一般利用发电机提供临时电源，满足临时用电需求，同时采用高杆式升降移动照明灯为帐篷提供不间断泛光照明，保障现场应急救援指挥部办公与生活用电。现场供电照明安装位置示意图如图14-2所示。

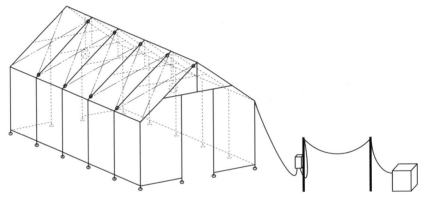

图14-2　现场供电照明安装位置示意图

为确保用电安全可靠，现场应急指挥帐篷内线路统一采用标准化模式敷设，并配备配电箱、插线板、空气开关、照明开关、LED帐篷灯等设施，能够满足应急通信、视频会议及日常生活用电的需求。多帐篷配电布置示意图如图14-3所示。

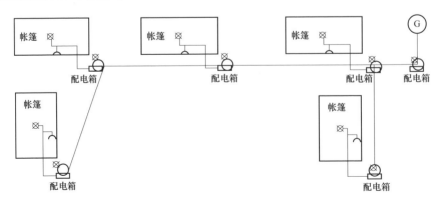

图14-3　多帐篷配电布置示意图

4. 应急通信系统

现场应急通信系统主要通过卫星站+无线宽带 MESH，快速建立互联网接入点，实现应急现场语音、视频、数据回传功能（见图 14-4）。现场应急通信系统保障现场无线通信网络稳定，实现现场应急救援指挥部与某公司应急指挥中心之

图 14-4 卫星通信布置示意图

间的通信，为现场应急救援指挥部对外通信提供各种传输通道。现场网络系统实现平台间互通、信息采集和传送、计算机网络通信等功能；通过现场音视频系统完成移动视频会议、实时图像切换等多项功能，实现应急系统的远程指挥。指挥部卫星通信布置现场图片如图 14-5 所示。

图 14-5 指挥部卫星通信布置现场图片

（五）注意事项

现场应急救援指挥部帐篷搭建涉及高处作业、触电等风险，应切实做好人身安全和设备安全各种防范措施。

1. 人身安全方面

现场应急救援指挥部帐篷拉绳较多，作业人员应精力集中，防止被帐篷拉绳绊倒；使用人字梯作业时，不可采用骑马式站立，甚至站在梯子顶部，登高作业超过 2m 时，应设专人监护；风险预控人员应监控整个作业现场，防止非作业人员进入作业现场。现场移动照明设备、发电机周围应设围栏，并由专人监护，防止非专业人员触碰设备。

2. 设备安全方面

发电机、移动照明设备应选择安全可靠位置开展工作，上空不得有遮蔽物。发电机和所有配电箱应可靠接地，避免漏电。进入帐篷的线路应做好滴水弯头，避免雨水顺线路流入帐篷内引发短路。照明灯具应采用高光效、长寿命的照明光源，灯头与易燃物的净距离不小于 0.3m。帐篷外路灯应采用防水式灯具，装设在杉木杆顶端。

卫星天线安放在地势平坦处，确认对星方位及俯仰无高楼等大型遮挡物，以及高压电线等；确认对星方向无大型变电站、基站等强电磁环境；避免架设于人员来往密集区域，做好隔离和警示。设备线缆布防做好标示，防止馈线和电缆踩踏、钩拽。馈线、电源线缆接头做好防水防雨处理。强电插座、线盘需要保持干燥，远离易燃易爆物品。

3. 人员素质方面

现场应急救援指挥部搭建时间紧、任务多、专业性较强，要求在最短时间内完成全部工作，应急队员需要有较强的身体素质和熟练的帐篷搭建及配电安装技术，应急通信网络需通信专业人员进行搭建。

4. 救援装备方面

发电机和移动照明设备应便于运输和装卸；指挥帐篷内桌椅应采用折叠式，便于收纳运输；指挥部内办公设施装车前应严密包装，避免在运输过程中造成损坏；卫星基站应轻便并可快速组装联网。

5. 环境设施方面

照明线路主要由杉木杆支撑，应保证杉木杆的预埋深度不少于60cm，回填土应夯实，必要时可对杉木杆打拉线稳固，避免线路倾斜。

6. 协调联动方面

加强与当地政府联系，做好发电机、移动照明设备连续工作燃油供需；加强应急通信卫星通道使用协调，确保通道正常。

7. 消防安全方面

临时照明线路容量有限，帐篷内禁止使用大功率电器，避免线路发热、漏电引起火灾和触电事故，现场需配备必要的消防器材，以便快速处理初期火灾。

8. 其他注意事项

指挥部采光应充足，避免出现逆光镜头，会议摄像机取景背景图避免出现复杂场景；指挥坐席与显示设备之间间隔大于2m，显示设备需高于会议桌。

十五 大型灾害抢修现场应急通信保障

（一）概述

中国是个自然灾害多发的国家，台风、地震、洪涝、雨雪冰冻等大型灾害发生时，常伴随断电、断网、断路的情况，形成信息孤岛，不仅影响灾区民众的生活保障，更影响到灾害救援行动的开展，使电力应急指挥和抢险救灾难度陡增。在极端情况下，现场无法提供运营商公网信号，没有外部市电供应，应急抢险作业涉及范围大，作业点多且分散，参与人员数量庞大，需要建立一个或多个前方指挥部对下辖的各作业点进行指挥联动，并向后方应急指挥部汇报现场情况，接收上级下达的指令。而这些都需要稳定的应急通信系统支撑，除了满足基本的语音、文字通信外，还需要支持现场高清图片、视频的回传。

（二）组织体系和出动流程

应急救援基干队伍在接到任务后，首先了解现场受灾情况，分析供电、通信、交通等各方面条件，以确定现场所需的应急通信设备及辅助设备类型。应急救援基干队伍迅速赶往受灾地点，选取安全、合适位置建立前方指挥部，集结应急救援基干队伍并进行分工，搭建应急通信和调度指挥系统，与现场抢修人员及后方指挥中心建立通信通道。根据现场应急救援指挥部安排，为各抢险救灾人员提供应急通信和单兵装备。主要应急通信和单兵装备见表 15-1。应急通信作业方案如图 15-1 所示。

表 15-1 主要应急通信和单兵装备

序号	装备名称	主要功能
1	融合调度平台软件	与前方指挥部及现场单兵装备进行音视频通话及会商,接收并显示现场单兵装备回传位置、气体质量、人员体征等信息
2.	便携式融合调度一体机	与后方指挥部及现场单兵装备进行音视频通话及会商,接收并显示现场单兵装备回传位置、气体质量、人员体征等信息
3	超小型卫星便携站	快速建立前指挥部与后方指挥中心的通信通道,为应急现场提供通信服务
4	无线宽带 MESH 自组网设备	在应急现场组建无线自组织通信网络,现场单兵装备可通过接入该网络与前方指挥部便携式融合调度一体机通信
5	单兵通信装备	具备与便携式融合调度一体机和后方指挥软件系统进行语音、视频通话、多方会商、各种数据采集的专用通信装备,如超短波对讲设备、智能手环、智能安全帽、气体检测仪、智能布控球、行为记录仪等
6	系留无人机	可长时间悬停作业,可挂载照明、通信、摄像等设备
7	多旋翼无人机	由单人背包携带,除回传图像外还可执行点云模型采集工作,厘米级精度测绘作业
8	卫星电话	通过卫星通信系统实现双向语音通话
9	现场通信联络系统	中继台:数字中继或模拟中继台。数字手持台或模拟戴耳麦的手持机每人一只
10	车载对讲机	指挥部与车辆通信、车队出行通联等

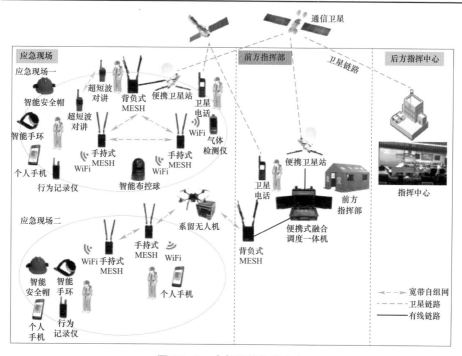

图 15-1 应急通信作业方案

（三）现场勘查

应急救援基干队伍现场勘查人员抵达现场后立即开展现场勘查。勘查内容包括：

（1）作业现场场地情况。寻找安全性高、平坦开阔、交通较便利、有稳定电源的位置建立前方指挥部。

（2）抢险作业区域范围。估计所需的通信设备的数量和大概位置，应充分考虑二次灾害趋势可能对设备部署和使用造成的影响。

（3）气象情况。勘查现场风速、降水情况，确认无人机是否能够起飞、作业。

（4）其他现场救灾队伍（如消防、武警等）使用的无线通信系统情况。避免其他无线通信系统与电力应急通信系统使用相同频率设备，互相干扰造成通信质量下降。

在尚未建立应急通信网络时，最先进入作业现场的勘查人员可使用卫星电话与后方指挥部取得联系，第一时间反馈应急现场情况，供指挥人员参考。

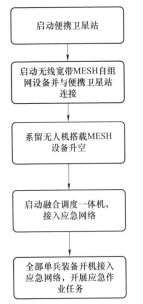

图15-2　应急通信与单兵装备部署流程

（四）具体应对

各类应急通信和单兵装备产品在现场使用，应遵循先搭建通信网络、后接入终端设备的顺序进行部署，具体部署流程如图15-2所示。

（1）搭建应急通信网络。

建立通信链路。应急救援基干队员选择平坦开阔地带，确保天线前无明显遮挡，安装时超小型卫星便携站所有组件，天线反射面指向大致朝南放置（在南半球使用时朝北放置）。开机后待电源指示灯指示启动完成后按下对星键，卫星站会自动转动天线面跟踪同步卫星，等待卫星站对星完成并给出提示，整个过程不超过 5min。对星完成后，其他设备可通过网线或者 Wi-Fi 连接超小型卫星便携站访问互联网或电力专网。

启动无线宽带 MESH 自组网设备，组建应急通信网络。安装好无线宽带 MESH 自组网设备的天线后，按下开关按钮，初始信号灯为红色，等待其显示为绿色，表明无线宽带 MESH 自组网设备已经组网成功并且信号良好。使用网线将 MESH 设备与超小型卫星便携站连接，MESH 设备 Wi-Fi 热点自动开启，应急通信网络组建完成。

在现场公共通信网络可用并且通信质量较好的情况下，前方指挥部可将公网卡插入 MESH 设备直接接入互联网，与后方指挥部进行通信，不再使用超小型卫星便携站。

前方指挥部操作人员控制无人机搭载作业载荷升空。无人机可搭载无线宽带 MESH 自组网设备、照明灯、摄像头、扩音器等设备进行相关任务。在地面展开无人机系统，发电机和地面系留供电箱相邻放置，无人机飞行器放置在 5m 以外的平坦空地上。启动地面发电机，待输出电压稳定后打开系留供电箱开关，将系留线缆连接到无人机电源模块。检查无人机各项飞行性能和应用功能无异常后，使用手持控制终端控制无人机升空到指定高度悬停，操作人员通过手持控制终端监控无人机飞行状态，同时可操控搭载的任务载荷执行相应工作任务。

在应急通信网络出现故障的紧急情况下，还可通过卫星电话与前方指挥部进行语音通话。

（2）前方指挥部启动便携式融合调度一体机，接入应急网络，建立现场应急指挥调度系统。

便携式融合调度一体机通过网线或者 Wi-Fi 方式连接无线宽带 MESH 自组网设备和超小型卫星便携站接入应急通信网络，按下电源键开机，操作系统启动后自动打开融合调度平台软件，输入调度员账号密码后可进入调度台主控界面，与现场单兵装备和后方指挥中心通信或访问互联网。后方指挥中心查看应急现场情况并进行音视频交互，如图 15-3 所示。

图 15-3　后方指挥中心查看应急现场情况并进行音视频交互

（3）现场作业应急救援基干队员携带 MESH 设备和单兵装备接入应急通信网络，与便携式融合调度一体机协同工作。

现场作业应急救援基干队员将智能手环、智能安全帽、气体检测仪、智能布控球、行为记录仪等单兵装备开机，通过 Wi-Fi 连接附近的无线宽带 MESH 自组网设备，接入到应急通信网络后可在便携式融合调度一体机上看到单兵装备的在线提示。后方指挥中心、前方指挥部均可通过指挥调度系统与现场单兵装备进行音视频对讲、会商以及各类数据传输共享。

（4）现场建立无线中继系统，建议使用数字中继可同台分组使用且相互不干扰，便于现场指挥及汇报现场情况。

（五）注意事项

救援过程中应注意人身安全以及设备使用安全，应急通信和单兵装备使用中需要切实注意各类设备的特性和使用限制。

1. 人身安全方面

指挥人员应通过融合调度一体机实时关注现场应急救援基干队员的位置、体征、气体质量、回传视频等信息，如发现异常情况需立即联系调度附近的其他应急救援基干队员前往进行援助。

2. 设备安全方面

（1）超小型卫星便携站。应寻找空旷平坦位置部署超小型卫星便携站，并确保天线前方无遮挡，避免摆放不平整或信号被阻挡导致无法对星或信号不稳定的情况。

（2）无线宽带 MESH 自组网设备。

1）开机前需将天线拧紧，电池充电时要关机，将电池拆卸下来单独充电。

2）设备在使用时保证天线竖直向上，且设备周围无明显遮挡。

3）最大功率下，两台 MESH 设备之间至少距离 10m。

（3）便携式融合调度一体机。

1）工作环境应有避雷措施，工作及保存环境要防火、防水。

2）各种无线通信设备的天线如功率超 5W 的应把天线架设在离人体 10m 以外的空旷地方，以防微波伤人。

3. 系留或多旋翼无人机

（1）除非发生特殊情况（如无人机可能撞向人群），否则禁止在飞行过程中停止电机。

（2）在远离人群的开阔场地飞行，无人机起降时，所有人员必须保持距离无人机起降点 10m 以上，无人机在空中悬停时，人员禁止在无人机正下方穿越而过。

（3）降落后务必先关闭飞行器电源再关闭手持控制终端电源。

（4）恶劣天气下请勿飞行，如 5 级以上大风、雷电、冰雹、雪、大雨等。

（5）在海拔 3000m 以上飞行，由于环境因素导致飞行器电池及动力系统性能下降，飞行性能将会受到影响，请谨慎飞行。

（6）禁止在机场、铁路、高速公路、易燃易爆品库（厂）、危险品库（厂）、电站、高压线、军事设施、人员密集区及被公安部门划定的禁飞区上空飞行。

（六）体会

1. 人员素质方面

应急通信和单兵装备已尽量简化操作方法，使用人员无需具备专业理论知识，只需提前熟悉其使用方法及各类设备注意事项即可。

2. 装备使用方面

应急通信和单兵装备需提前在专业人员的指导下进行参数配置及测试验证，以保证在应急现场能够快速部署和应用。

3. 使用环境方面

应急通信和单兵装备均采用无线通信方式，虽然具备一定的抗干扰和穿透遮挡能力，使用中仍应尽量保证点到点之间尽量无明显遮挡，保证通信质量。

灾害现场环境通常比较复杂，各系统救援人员很多，应急救援基干队员应尽量维护好现场部署的设备，以免损坏或者遗失，导致通信中断。

十六 自然灾害预警响应

（一）概述

为确保台风洪涝、雨雪冰冻等自然灾害期间的应急处置和快速响应能力，预警响应工作十分重要，应急救援基干队员需具有较强的风险防范意识和抢险实践能力，以及在响应情况下运用装备对突发事件进行全过程处置的能力。应急指挥中心值班室加强气象、地质信息监测与分析，提高对自然灾害天气的科学判断，应急救援基干队伍在接到上级应急指挥机构指令后，应用 ECS 系统紧急调配应急救援基干队伍、物资、装备、车辆等资源，有序开展应对工作，为电网在自然灾害期间的应急抢修处置提供坚强的技术保障力量。

（二）组织体系和出动流程

1. 收集信息

应急指挥中心值班人员（简称应急值班人员）接到气象部门发布的台风、低温等恶劣天气预警通知后，应立刻上报公司应急办，同时应用 ECS 系统开展前期信息收集，包括可能影响区域的电网运行情况、近期气象信息、当地交通条件、往年受灾信息等，应急办经研判后向应急领导小组提出预警建议，经审批后发布预警通知。预警通知发布后，应急值班人员应做好以下工作：

（1）在收到预警通知发布信息后，应急值班人员在 ECS 系统同步发布预警通知，并指导下级单位发布预警和行动任务，整理各单位任务开展情况并汇总上报。

（2）应急值班人员可根据恶劣天气可能影响的范围，开展现场督察视频连线，应用 i 国网、腾讯会议、微信视频等多种手段，针对恶劣天气下的应急物资准备情况、应急救援基干队伍集结情况等进行视频督察。

（3）应急值班人员需根据现场情况进行资料收集，包括应急救援基干队伍集结情况，应急物资储备情况，应急发电机、发电车、照明车、排水车、橡皮艇、全地形应急救援车等特种专业设备检查情况，恶劣天气影响范围及周边气象信息、交通信息，电网运行状况等，整理归纳以备应急办召开会议时使用。

（4）应急值班人员在预警响应期间，加强应急值班力量，应用 ECS 系统实时监测气象预警、电网运行情况、社会舆论信息等，如有特殊变化应立即整理上报应急办。

2. 组织出动

预警发布后，应急值班人员应用 ECS 系统发布预警响应任务，应急救援基干队伍根据指令开展预警响应行动。预警响应行动由应急救援基干队伍负责人担任现场指挥员，在前期信息收集的基础上，调配发电、排水、照明、涉水车等应急装备，集结应急救援基干队员，在上级指挥部的指导下选派队员携带相关应急物资、装备前往可能受灾的地区提前驻扎待命。应急救援基干队伍集结如图 16-1 所示。

图 16-1　应急救援基干队伍集结

3. 车辆、装备、物资选配

主要应急装备见表 16-1。

表 16-1　　　　　　　　　　主 要 应 急 装 备

序号	装备名称	功能要求	备注
1	大功率发电机/发电车	不小于 100kW 发电机/400kW 以上发电车	
2	大型排水车	每小时排水量不小于 2000m³	
3	照明车	车载式，照明功率不少于 16kW	
4	水陆两用车	载重不低于 400kg	
5	皮卡车	四驱、携带防滑链	
6	全地形应急救援车	应急复杂地形	
7	无人机	飞行时长不低于 50min、拍摄不低于 1k 分辨率	
8	冲锋舟/橡皮艇	能载 4~6 人通行，带马达	
9	大型排水泵	每小时排水量不小于 300m³	4 台以上
10	应急排水方舱	每小时不少于 300m³ 排水量	1 台
11	抽水泵	每小时不少于 150m³ 排水量	2 台
12	切割工具	油锯、高枝锯	2 台
13	封堵器材	挡水板、沙袋	100m²
14	膨胀沙袋	1000 个以上	
15	雪地辅助工具	冰爪、雪仗、方位指示灯等	
16	通信装备	对讲机、卫星电话、便携式卫星基站	
17	个人防护	应急帽、应急服、雨具、手套、防疫包等	每人 1 套
18	个人保障	应急食品、药品、炊具、帐篷、睡袋等	每人 1 套

（三）现场勘查

应急救援基干队伍抵达驻扎区域后，与当地应急指挥机构进行对接，汇报携带的装备及人员信息，了解当地恶劣天气应急应对准备情况，并配合开展预警行动。收集当地气象水文信息、电网运行情况、当地应急物资储备情况等信息，通过 ECS 系统与上级应急指挥部实现信息共享。

（1）电网运行情况：及时掌握当前电网运行情况，了解当前运行状态、未来运行计划、重要输电枢纽（变电站）停运对电网的影响等。

（2）交通通行条件：重要用户周边通行条件，重要输电枢纽（变电站）周边道路情况，限制通行区域等。

（3）近期气象信息：当地气温、降水量、预期台风登陆时间等信息。

（4）往年受灾情况：往年同期气象条件下线路、设备受损情况，同时检查是否提前收集相关资料，是否做好应急应对准备等。

（5）提前携带装备前往可能受灾的重要变电站等，如携带大型排水车、排水泵前往可能受淹的区域；携带大型照明车前往可能需要抢修的区域；携带全地形应急救援车前往可能需要救援的区域。同时做好装备的维护保养检查，提前加好油料并做好油料储备等。应急救援基干队伍前往台风预登陆点如图 16-2 所示。

图 16-2　应急救援基干队伍前往台风预登陆点

（四）具体应对

应急救援基干队伍自然灾害预警待命期间，应做好如下几项工作：

（1）安排人员做好 24h 应急值守工作，做好装备检查、车辆维护工作，按要求做好日常队伍、装备等值守信息汇报，保持值班电话畅通。

（2）密切关注气象部门及上级单位发布的相关预警信息，进一步做好信息收集工作。

（3）有序安排队伍做好出动准备，布置好第一梯队、第二梯队等队伍出动顺序，随时做好人员、装备、车辆等补充准备。

（4）视现场情况，可提前编制现场处置方案，提前做好防备工作，筹划应急抢修。

接到响应指令后，应急救援基干队伍携带应急装备和物资出发前往现场。行车过程中和应急指挥部保持联系，及时沟通了解现场灾情、联系人姓名职务和电话等，告知受援单位我方携带主要装备及行车路况，同时对行进过程中的车辆驾驶员进行安全提醒。

到达现场与属地完成对接后，及时向应急指挥部报告相关情况，队伍负责人联系属地单位开具作业票，办理工作许可手续，组织现场作业人员分工、安全交底，做好停电、验电等各项准备工作。待道路场地修整完毕、安全措施等准备工作就绪后，与应急指挥部联系，等待作业指令。

应急响应过程中，负责人检查并跟踪任务完成情况，并及时上报；安全监护人进行风险勘查，制定防范措施，负责布置现场安全围护措施，疏散无关人员，做好现场抢修过程安全监护工作。

待工作结束后，各组整理装备，并由现场指挥员通过 ECS 系统向应急指挥部反馈处置情况。

（五）注意事项

（1）现场勘查要注意安全，在确保人身安全的情况下，开展现场勘查任务。如：勘查电网运行情况时，应注意防人身触电，同时应不影响电网安全稳定运行；勘查交通道路情况时，应注意交通安全；勘查洪涝灾害时，应注意防人身触电及防溺水；勘查积雪覆冰情况时，应注意做好人员防寒保暖工作，防止冻伤等。

（2）预警出动时，遇到信号中断或道路受阻的情况，及时通过卫星电话等设备与上级应急指挥部取得联系，尽量保持信息通畅，确保及时到达任务地点。

（3）做好车辆、装备的安全防护工作，落实好绑扎、固定、防雨等措施，确保装备的完好无损；电池类、燃油类设备做好保温措施，防止低温失效。

（4）强化应急联动作用，充分利用各级应急救援基干队伍的优势，实现优势互补，提前加强沟通联系，做好装备的补充、保障信息畅通。

（5）及时做好信息上报等工作。根据上级要求，充分做好应急值班信息上报，如实做好汇报等工作。

（六）体会

1. 人员素质方面

加强应急救援基干队员整体素质，提前做好日常的相关应急准备工作，完善应急预案、结合实际开展现场应急处置、演练、培训等。特别是应按照预案开展相关培训、演练工作，熟练应用装备，提升队伍应急技能。

2. 携带装备方面

根据台风响应应急装备提前谋划，储备足量的应急排水、应急照明、水上救援等应急物资，在使用过程中根据现场实际做好装备选配工作，确保使用的装备可用、好用、能用，进一步提高后续台风灾害应急处置工作。

3. 协调联动方面

当自然灾害较大时，应全面做好应急支援工作，加强与联动协议单位沟通交流，提前谋划，做好协调联动准备，确保在有需要的情况下能第一时间开展应急联动工作。加强与政府的沟通机制，及时了解掌握政府相关灾害信息及要求。

4. 系统应用方面

预警期间，应急人员应合理应用 ECS 系统，关注气象预警发布和电网运行情况，收集理合数据信息；上级应急值班人员应及时督查恶劣天气可能影响的地区开展预警行动的执行情况，统计整合相关信息汇总上报指挥部和应急办。

十七　重要活动保电应急支援

（一）概述

重大活动电力保障任务是指因特殊任务需要，经国家电网有限公司总（分）部、省公司、各级电力监管部门等上级领导机关或国家部委、各级人民政府等有关部门通知，周期性保证或在一段时间内必须临时保证部分场所或地区供电电源可靠性的任务。为有效应对任务期间重大活动举办城市或省（直辖市）公司（简称受援单位）发生自然灾害或突发事件处置，国家电网有限公司组织受援单位周边省（直辖市）公司（支援单位）应急支援队伍在省界驻扎，应用 ECS 系统紧急调配支援力量开展应急处置，确保重大活动顺利举办。

（二）组织体系和工作流程

1. 组织体系

在国家电网有限公司安全监察部统一指导下，各支援单位成立应急救援专业保障工作组，简称"应急保障组"，由支援单位安监部或专职应急管理机构承担相应组织管理工作，统筹全省（直辖市）应急资源，在响应总部应急支援管理与调拨工作的同时，做好下辖市、县公司的应急支援管理与调拨工作。

应急保障组下设值班预警组、资源协调组、支援处置组、综合保障组共四个工作组，负责组织制定应急救援专业工作方案；组织开展省市县应急指挥中心、应急救援基干队伍、全省重点装备检查和演练；做好总部会商和公司保电指挥部会商保障，制定并落实保电值班制度，组织做好保电值班值守，加强灾害与信息监测，为保电提供专业电力气象支持；组织全省各级应急救援基干队伍做好应急处置和救援准备工作，编制应急专业跨区域支援方案、现场处置方案、应急驻扎演训方案；组织应急救援基干队伍开展驻扎集训、专项演练，根据公司安排，做好跨区域支援和省内应急救援等应急保障工作；做好舆情管控、新闻宣传的相关工作，关注应急值守人员的心理、生活状态，做好饮食、防疫等保障工作。支援单位应急保障组构架图如图 17-1 所示。

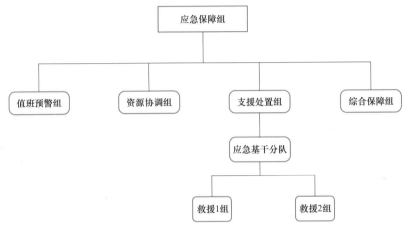

图 17-1　支援单位应急保障组构架图

2. 工作流程

（1）按总部保电支援工作方案要求，各支援单位与对口受援单位进行工作对接，落实支援需求，明确联系人、集结点等信息，编制详细工作方案。主要应急装备见表 17-1。

表 17-1　　　　　　　　主 要 应 急 装 备

序号	装备名称	功能要求
1	大型泛光灯塔	能满足任务地点大范围应急照明需要
2	中型泛光灯	能满足任务地点重要区域照明需要
3	高空系留式无人机照明	能满足任务地点重点区域空中照明需要
4	防汛排涝仓	每小时排水量不小于 1000m³

续表

序号	装备名称	功能要求
5	隧道救援舱	能满足一个救援小组开展受限空间救援任务及装备替换
6	高空救援绳索装备	能满足一个救援小组（6人）开展高空绳索救援任务
7	医疗急救及防疫装备	能保障支援队员紧急医疗救护和疫情防控消杀需求
8	应急发电车	能保障重要用户应急供电，容量500kW及以上
9	应急通信车	能保障任务区域通信联络畅通，及时反馈数据信息
10	人员运输车	能保障所有支援队员的运载及休整需求
11	装备运输车	能保障支援所需应急装备、物资的快速运抵
12	后勤保障车（仓）	必要时候能保障支援人员现场救援的饮食需要
13	其他装备	重要活动保电需要的其他装备

（2）考虑保电期间受援单位地区路况、气候等条件，针对性提前开展应急车辆、重点装备的维保，备齐各类救援、保障物资，备足防疫消杀用品。

（3）开展保电人员遴选、政审、体格筛查工作，确定人员后组织队伍在省界集结驻扎，开展24h应急值守、应急支援现场处置能力演训，做好随时出动支援准备。

（4）根据ECS系统指令，集结应急救援基干队伍赶赴对口支援地区，按受援单位需求开展无人机勘灾、应急通信保障、重要客户应急供电、应急照明、受限空间应急救援、高空被困人员紧急救助、防汛排涝、山林火灾处置等现场处置工作。

（三）具体应对

保电期间，通过ECS系统接到总部支援任务命令后，启动应急处置支援响应程序，按出动与处置预案开展相关工作。

1. 队伍集结出动

接到命令第一时间，应急救援基干队伍保电支援队伍到出动区紧急集合，查验车辆、装备情况，保电支援全体人员赶赴受援单位任务区域。

2. 任务分工

路途中应急救援基干队伍保电支援领队对接受援单位联络人，确定灾情、电网受灾情况、任务内容，并做好相应记录。领队根据任务情况进行任务分工。

应急救援基干队伍保电支援 1、2 组两个现场工作组，互为救援处置 AB 角，两队人员合理分配，做到救援能力全覆盖。两个现场工作组分别设 3 个任务班，每班约 10 人，由 1 名骨干队员作为班长，根据任务分工赶赴任务区，开展救援处置前期工作。

3. 现场勘查

队伍抵达任务现场，按照专项应急处置方案开展现场勘查和风险分析，确定现场受灾范围、是否有人员受困、设备运行情况、设备灾损情况、周围环境情况、短时气象情况等信息，根据勘查结果开展风险分析，相关信息上报 ECS 系统。

4. 现场处置

根据现场勘查情况，现场指挥员组织召开救援前交底会，告知风险点及预控措施、明确人员职责，队员按分工进行装备准备、按救援流程协同配合开展处置，安全员负责救援全程安全监督。现场通过 ECS 系统向应急救援指挥部及时反馈处置进展情况。

5. 任务完成

救援处置任务完成后，清点人员、装备，与受援单位确定任务完结，通过 ECS 系统汇报处置完结，根据上级指令现场待命、开展其他处置任务或返程。

（四）注意事项

重大活动保电工作任务艰巨、使命光荣，因相关工作的任务性质具有极高政治影响，应急救援基干队伍支援力量又作为突发事件和自然灾害发生后的重要处置力量，需及时响应、妥善应对，避免因处置不当引发社会舆情。

1. 加强组织领导，落实工作责任

重大活动保电应急支援不同于日常救援处置工作，要认真分析保电工作内外部形势，增强大局意识和责任意识，集中精力抓好各项应急救援保电支援工作落实。加强队伍管理，做好与受援单位的联系，每天报告保电支援工作开展情况。

2. 做足准备工作，强化后备支援

应急保障组要统筹应急专业各项工作，根据各保电时段工作要求，及时开展装备维保、应急演训、预警监测、应急值守、出动处置等工作，在锻炼救援队伍、熟悉应急机制、掌握处置流程的同时，做好应急出动准备工作。按照国网一盘棋的思路，集省（直辖市）公司所辖各单位之力做好应急装备、后备支援人员储备，确保现场齐兵满员、预备力量充足。

3. 细化方案编制，立足能力提升

根据保电工作整体需求和责任分工，认真编制涉及工作组织、资源准备、集结演训、值班预警、应急出动、现场处置等工作方案，力求考虑全面、体系顺畅、落实不打折扣。按现场处置场景、区域协同处置的思路开展培训、演练，确保接到处置任务后队伍出动迅速、装备状态良好、处置流程顺畅、安全可靠把控。

（五）体会

1. 人员素质方面

重大活动保电责任重大，使命光荣，应急救援队员需要有较强的身体素质和技术能力外，也要有过硬的政治站位和良好的政治素质，较强的事业心，严格遵守保电应急支援各项工作纪律，团队意识强，需要扎实开展政治审查和政治学习工作。

2. 需求对接方面

认真与需求方开展工作对接，了解支援地区除供电设备、区域范围等方面情况外，当地季节气候特点、风俗文化、道路交通等方面情况也需要深入调研，便于开展方案编制和救援处置工作。

3. 资源准备方面

提前开展应急支援装备、车辆维保工作，冬季支援需考虑低温环境下的设备启动问题，更换低标号防冻液、燃油，道路结冰状态下车辆行驶需加装防滑链，人员户外救援值守的防寒保暖措施；夏季支援需考虑装备长时间运转情况下遮阳通风降温，人员的防暑降温等措施。需考虑足量的后勤保障和防疫保障物资。

4. 协调联动方面

加强与受援单位联系，密切关注支援区域自然灾害和突发事件信息，早准备、早响应、早动身，确保重大活动保电应急支援工作安全、有序、圆满完成。

十八 灾后心理辅导

（一）概述

发生自然灾害后，灾害当事人可能被带走生命、财产、健康，甚至是希望，只剩下心理创伤和无尽的伤痛，对当事人进行及时和必要的心理辅导成为应急救援中的一个重要环节。自然灾害后的心理辅导在于整合社会目标，及时做好受灾群众的思想工作，恢复心理健康，更好地投入正常的生活与工作中。随着我国应急管理部成立，也对应急救援工作中的心理辅导提出了新的要求，各地救援队伍逐步开始对应急队员开展心理辅导的学习与培训，使队员掌握一定的心理辅导知识与技能，在管理好自我心理压力的基础上为灾害当事人提供必要的心理辅导（见图 18-1），以便在救援工作中更好地发挥作用。而更深入的心理辅导需要专业心理咨询师来完成。

图18-1 心理辅导

（二）组织体系和出动流程

当自然灾害发生后，应急救援基干队伍负责人接到上级应急救援领导小组指令，迅速确定救援现场负责人，立即启用灾害救援方案，调配心理辅导师随队前往救援现场。根据任务分工开展以下工作。

1. 信息收集

（1）环境信息：现场地形、地势、天气、温度、风速、交通、通信等情况。

（2）受灾信息：灾害性质、建筑物受损情况、人员伤亡情况、受灾人员财产损失情况等。

（3）供电信息：了解现场供电情况，是否提供临时供电等信息。

2. 物资准备

根据心理辅导的相关要求，应配置下列应急救援装备并做好装备、器材的检查和维护工作。主要应急物资装备见表18-1。

表 18-1　　　　　　　主 要 应 急 物 资 装 备

序号	装备名称	功能要求	数量	备注
1	帐篷	3m×4m 棉质班用框架帐篷或充气帐篷	1 顶	
2	行军床	折叠式	2 张	
3	椅子	折叠式	4 张	
4	桌子	折叠式长条桌	1 张	
5	照明灯	充电式帐篷灯具	4 盏	
6	急救箱	各类急救药品及简易急救用具	1 个	

3. 人员配置

参与灾害救援的应急救援基干队员最好能接受过心理知识方面的学习和培训，具备一定的心理辅导常识，有条件的话可以配备 1 名取得心理咨询师资格的专业人员参与救援工作。

（三）现场勘查

1. 接受指令

应急救援基干队伍到达灾害救援现场，队伍现场负责人迅速与现场应急救援指挥部相关负责人对接，汇报队伍基本信息和人员抵达情况，听取现场应急救援指挥部的意见，接受现场应急救援指挥部指令。

2. 现场踏勘

为保证现场心理辅导工作有序开展，应急救援基干队伍到达灾害现场后，立即对受灾群众进行心理调查，对相关的信息进行评估确认，并对本次灾害中需要进行心理辅导的对象进行分类，梳理出心理辅导对象的优先层次。

3. 前期处置

根据救援现场的实际情况，按照现场应急救援指挥部的统一部署，指定单独房间或划定专门区域搭建帐篷，做好心理辅导工作准备，帐篷搭建的区域尽可能远离灾害现场，环境相对安静。同时将勘查信息及心理辅导准备、安全措施等情况及时上报 ECS 系统，确保信息共享。

（四）具体应对

找好房间或搭建好帐篷后，迅速完成对室内座椅、行军床及场景布置，做好心理辅导的准备工作，辅导对象包括需要救助的受灾群众和应急救援人员。

1. 心理辅导的原则

心理辅导是应急救援工作的一部分，应与救援工作的开展整合在一起进行。心理辅导工作应遵循以下几项原则：

（1）以社会稳定为前提，不给整体救援工作增加负担，竭力减少再次伤害。

（2）综合应用心理危机干预技术，结合具体情况提供个性化帮助。

（3）保护被援助者的隐私。心理辅导由心理学工作者以及早期救援的救护人员和社工或组织等来完成，是组织灾后应急救援措施的一环，心理辅导是一种支持性的介入方法，在灾难发生后可立即使用。

2. 心理辅导的方法

心理辅导可以采用一对一方式也可以采取小组方式。应急救援基干队员在灾后心理辅导中具有灵活性更强、运作成本较低等优势，能第一时间对受灾群众进行及时的精神安抚和心理辅导。

（1）沟通。第一时间与受灾者进行沟通，一方面接收、理解受灾者的言语信息和非言语信息；另一方面，根据已知信息做出反馈和呼应，发出言语信息和非言语信息，使受灾者获得领悟，达到双方信息交流。在确保安全的情况下沟通的地点可在受灾现场及时进行。

（2）心理支持。采用倾听、指导、劝解、鼓励、安慰疏导与保证等方法，给予当事人精神支持，协助当事人面对现实，发挥内在潜力，建立心理平衡。该环节需在独立的房间或帐篷内开展。

（3）稳定。在受灾者内心创伤和积极体验之间找到一个平衡点，增强其自身的力量感和对生活的掌控感。

（4）放松。为帮助受灾者战胜恐惧、焦虑和紧张情绪，须对受灾者进行放松练习与系统脱敏治疗。

（5）其他方法。帮助受灾者寻找亲朋好友的行踪来缓解心理的压力；组织受灾者讲授自救经历，让大家主动互助，互相安慰，聊天陪伴；利用多媒体向受灾者介绍救灾和心理调节的卫生常识，增加对突发自然灾害的认知，提高受灾者的自我调适能力。

3. 结束帮助

什么时候、如何结束帮助，可能要看危急情况、救护人员的角色以及当事人的需要。根据救护人员对当时情况、当事人需求及自己的需要进行判断。如果适当，告诉当事人自己将要离开，如果接下来有别人来帮助他们，试着介绍受灾者与那个人认识。如果已经帮受灾者与其他服务者取得了联系，让他们知道接下来将发生什么，确保他们知道下一步的细节。不管救护人员与当事人在一起经历了什么，都可以采取积极的方式与他们告别。

4. 应急救援基干队员自我心理辅导

应急救援基干队员或他们的家庭可能直接受到危急情境的影响，即使没有直接卷入，也可能被施救时看到或听到的事情所影响。应急救援基干队员的心理辅导可以分为救援开始前的充分准备、救援过程中的压力管理、救援结束后的休息和调适三个步骤。

（1）救援开始前应急救援基干队员应做好充分准备。学习有关危急情境、不同种类助人者角色和职责的知识，预知自己在救援过程中可能承受的健康、个人或家庭问题带来的巨大压力，做好心理调节准备。

（2）救援过程中的压力管理。以积极的态度对待工作；对自己的工作期望不能盲目追求完美；努力提高专业能力；提高时间管理能力；建设支持性的人际网络，主动寻求支持；平衡生活方式，采用减少应激的技术，注意饮食、休息和放松；辨认并留意应激反应的早期预警症状。

（3）救援结束后的休息和调适。在结束救援工作的时候，花时间休息和调适很重要。要保证充足的休息，调整好生活节奏，依照自我感觉来决定是否讨论灾变，了解并接纳自己的情绪反应，加强与亲朋的沟通与交流，盘点成长和收获。

（五）注意事项

灾后心理辅导具有热情与爱心是值得肯定的，但仅有热情与爱心是不够的，心理干预与救助是需要一定的经验与科学方法的，如果我们不遵循科学的经验与原则，很有可能会帮倒忙适得其反。

（1）不要抱着有限的心理学的理论、概念去讲解，理论的不完善，会成为不良的心理暗示，反而"引导"和固化本来当事人可以进行心理消化的现象，最终成为难以调整的心理定势。去掉主观想象和先入为主的看法，多去耐心地倾听，根据被救助者的具体心理状况而适当地运用一些心理疏导和训练方法，让援助对象得到实实在在并有效的帮助。

（2）对援助对象要足够尊重和信任，带着过强的怜悯心，甚至疏导者自己的心理与情绪难以自控，只会给对方带来更大的心理压力和不适感。过度的帮助，要么会使对方产生依赖感，要么会使对方产生反感。帮助要起到恰到好处的作用，而不要喧宾夺主。

（3）将心理辅导与救助融入到援助对象的生活、寻亲、善后、未来、学习、工作等具体帮助之中，通过这些具体的帮助，使其建立自信心和心理抗荷能力，也能较为有效地减轻心理上的打击。

（4）应急救援基干队伍不能带着不够客观、不够现实的心理去援助，反之不仅会给自己带来许多麻烦和否定，更会给被救助者带来不适。援助对象在经历灾难之后的心理调整，需要时日。

（六）体会

灾后心理辅导是一项充满未知性且复杂的任务，灾难过后，受灾人员可能会被各类创伤引起一种暂时失去应对能力和心理失衡的状态。危机过程中的心理创伤主要受自然因素、社会因素、认知因素和生理因素的影响，而心理辅导是帮助处于危机的人弄清问题实质，运用较好的方法处理应激事件，重建信心，发挥自己的能力和潜力，恢复心理平衡并重新开始正常生活的过程。因此对人员各方面的素质、专业性知识、协调配合等方面都具有十分高的要求，针对电力系统方面的心理救助任务，主要有以下几个方面的要求：

1. 人员素质方面

应急救援人员需要明确自身责任，要为受灾群众尽责地提供协助也意味着要照顾好自己的健康。作为一名应急救援队员，在危急情形下的经历可能会影响到自己或者家人。因此应急救援队员需要特别关注自身的健康，确定自己无论是在身体上和精神上都具有帮助他人的能力是很重要的。照顾好自己才能为他人提供最好的帮助。在团队中，也要同时注意队友的健康状态。

2. 救援装备方面

桌椅和行军床应采用折叠式，便于收纳运输；移动照明设备应采用便携充电式，以保障心理辅导环境相对安静。

3. 协调联动方面

灾后心理辅导是一项综合性、专业性十分强的工作，因此要加强与当地医疗单位联系，做好交通、天气、应急通信、技术等方面的协调，确保救援任务的顺利开展。